U0275884

豪华室内装饰

Luxurious interior decoration

奢华石材装饰

Decoration with Luxurious Stone Materials

II

（大理石、花岗岩、砂岩、板岩室内装饰应用）

Interior decoration with marble, granite, sandstone and slate

中国建材工业出版社

China Building Materials Press

图书在版编目（CIP）数据

奢华石材装饰. 2，豪华室内装饰 / 溪石集团发展有限公司，世联石材数据技术有限公司主编. -- 北京 ：中国建材工业出版社，2013.6

ISBN 978-7-5160-0469-2

Ⅰ. ①奢… Ⅱ. ①福… ②世… Ⅲ. ①大理石－室内装饰－建筑材料－装饰材料 Ⅳ. ①TU56

中国版本图书馆CIP数据核字(2013)第132813号

主 编

溪石集团发展有限公司、世联石材数据技术有限公司

Co-Edited by

Xishi Group Development Co., Ltd. and Shilian Stone-Data Co., Ltd.

执行主编：林涧坪

Executive Editor-in-Chief: George Lin

责任编辑：贺悦 刘京梁 林剑平

Editor: He Yue Liu Jingliang Lin Jianping

技术总监：黄俊孝

Technical Supervisor: Huang Junxiao

文字编辑：王英 林伟 林琛

Word Editor: Wang Ying Lin Wei Lin Chen

设计单位：家和兴文化传媒工作室

Designed by Kaho Cultural Media Studio

总设计：黄其钊

General Design: Huang Qizhao

平面设计：林叶青 林迪慧 林冠望

Layout Design: Lin Yeqing Lin Dihui Lin Guanwang

摄影：邓国荣 林冠葛 刘宏韬 林辰瑀

Sampling and Photography:

Deng Guorong Lin Guange Liu Hongtao Lin Chenyu

编 委 会

产业顾问：

郭经纬 方炳麟 侯建华 刘海舟 谭金华 朱新胜 邓国荣

行业顾问：

王伯瑶 王楚尚 林恩善 黄金明 刘 良

技术顾问：

王琼辉 王荣平 王向荣 王文斌 王晓明
刘国文 张其聪 陈道长 陈俊明 陈永生
陈永远 陈文开 林 辉 林树烟 洪天财
胡精沛 高 蓉 周碧辉 黄朝阳 黄荣国
黄启清 黄金禧 曾孟治 蒋细宗 廖原时

（排名按姓氏笔画顺序）

本 册 前 言

　　《豪华室内装饰》分册以大理石材料在室内装饰中的应用为主线，用酒店、会所、写字楼、豪宅的厅堂地面、墙面等装饰案例来展示大理石在大空间中的应用之美；另外，对小空间的厨房、卫浴、过道（过堂）等的地面、墙面，对如何合理应用大理石的特性来展示现代空间装饰的美感及装饰原理进行了阐述。围绕大理石的色泽、纹理特性、大理石加工技术及石材建筑构件应用进行介绍，为大理石在建筑室内装饰中的充分利用提供了借鉴。

　　《豪华室内装饰》分册提供了室内装饰应用石材的选择方式，分析了花岗岩和砂岩、板岩的质感特征及在室内装饰中的适用范围，指出这些材料用于室内装饰未必不合理，而是现代室内空间更加讲究装饰文化和风格的情况下，基本上选用大理石。

　　奢华：是一种超级的想象力在制造神奇空间时造出的神奇感觉，利用石材的特性来表现这个主题，未必每个案例都是精彩的，但是可以给未来的建筑装饰带来启示。

　　奢华：是视觉的盛宴。在装饰空间中，如何做到正看、侧看、上看、下看都能看到赏心悦目的效果，如何在上班、休闲不同的生活状态下都能体会到舒适的感觉，这就是奢华。奢华能够达到心理上和生理上的双重享受！

　　奢华通过石材的装饰来表现，奢华通过对石材的不同加工来实现，奢华通过对石材的各种应用来展现！

《奢华石材装饰》编委会
2013年9月

目 录 Catalogue

花岗岩装饰的大型空间

小型空间的装饰艺术

室内特殊墙面装饰

室内辅助装饰

室内装饰柱

1. 柱

室内设施

1. 吧台

室内石材装饰的部位示意图

　　自从石材能够从块状加工成板材之后，石材就成为室内许多地方装饰的高档材料，尤其是大理石、玉石等高档的石材。石材具有绚丽多彩的色彩和变化多端的肌理。施工中可以与各种材料很地组合，所以石材能够在室内成为高档的装饰材料！

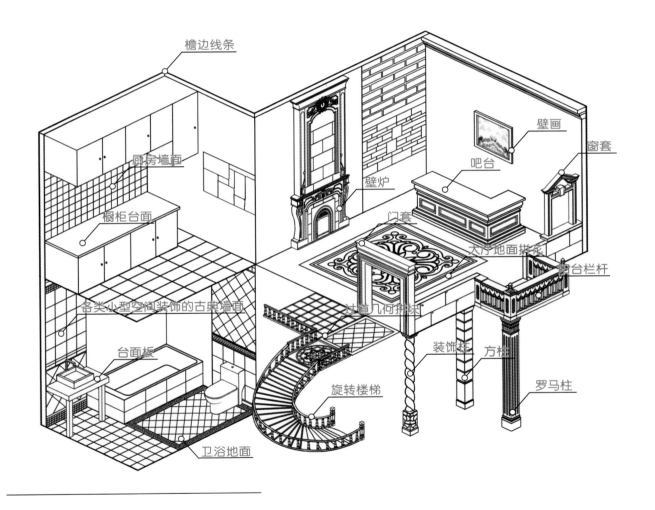

1. 壁画　2. 吧台　3. 壁炉　4. 门套　5. 窗套　6. 大厅地面拼花　7. 阳台栏杆

8. 过道几何拼块　9. 旋转楼梯

10 装饰柱　11. 方柱　12. 罗马柱

13. 檐边线条　14. 厨房墙面　15. 橱柜台面

16. 各类小型空间装饰的古典墙面　17. 台面板　18. 卫浴地面

建筑室内使用功能与装饰石材种类选用

　　现代石材装饰对石材的选材，更接近科学化，石材的很多物理性质（抗折、抗压、吸水率、比重、抗冻融等）都成为现在装饰需要考虑的技术要素，所以这些物理性能与石材的审美特性，针对现代空间的特征，对石材的选用做以下的归纳！

　　随着人们对石材应用的不断深化理解，装饰室内的石材如花岗岩、大理石、砂岩、板岩、玉石等都被利用，几年来，人们开始发现采用碳酸盐组成的大理石，经过抛光之后，表面温润、色泽柔和，与其他装饰材料搭配，如室内常用的木材、毛织品等材料更加和谐，并且使人的感到很惬意。大理石纹理丰富，不同的表面处理和组合，能够形成比较广泛的石材装饰利用价值。

　　室内装饰材料利用中，墙面装饰方面，花岗岩、砂岩部分仍然有利用，但是在地面装饰方面大部分都是利用大理石，尤其是酒店或者私家别墅，地面基本采用大理石；但是公共性场所，比如写字楼、政府行政办公大楼、银行等人比较多的地方，花岗岩仍然被使用。空隙率、吸水率比较高的砂岩则更多地用于北方的室内墙面，地面基本很少使用砂岩，这是由于不容易打理等原因。板岩在一些小型空间或者部分小面积还是作为古典色彩、自然色泽被利用！

　　本书以大理石的装饰来表现石材室内墙面、地面划分，特别是在大型空间：酒店、大型写字楼、大型办公场所、大型公共活动空间（会堂、地铁、飞机场等等场所）的应用！

北京机场三号航站楼地面采用花岗岩铺设

1. 机场候机楼、动车（火车）站、汽车站、地铁等人流量很大候车厅，医院、学校办公楼；大型写字楼大堂等，采用花岗岩，耐磨，保洁方便。这些地方一般在地面、楼梯、墙壁、柱上采用花岗岩装饰。

中堂中央地面椭圆形拼花，上部水晶灯，环绕一周的二楼线边立体装饰。酒店充满奢华气派。

2. 豪华宾馆、高档写字楼、会所、别墅等的大堂空间可以采用大理石装饰。大理石不仅可以进行艺术化的各种处理，而且易于清洁。

3. 休闲、文化空间、创意空间采用墙面和地板可以采用天然玉石、半宝石、彩石、板岩、砂岩等色彩多变，肌理不稳定的材料装饰，达到色彩、质感变化的古朴、自然、梦幻多样性。

　　上述这些选材趋向，主要是根据经验和现在的案例来推荐，不是固定不变的。选材时更多地是根据甲方的需求选择，并可针对于不同部位，多种石材互相配合交叉使用。

大理石装饰的大型豪华空间

室内装饰的格调

米黄色大理石把建筑装饰成金碧辉煌的色调，这是中国人喜欢的富贵、喜庆的色彩，也是古代帝王专用色（安徽黄山轩辕国际大酒店）。

室内装饰奢华的表现：富丽（绚丽）的色彩、明亮、鲜艳的光泽！

石材，尤其是大理石和玉石，通过表面的不同处理，在色彩上，能够做到绚丽多彩、纹理上千变万化、质地上呈现温润、油亮、柔和等质感的多种多样。通过板材平面不同的块度拼接，把色彩、纹理、形体进行变化组织，能够达到千变万化的装饰效果！所以，石材是奢华装饰的材料！

由于现代室内装饰以功能利用为主，设计上以考虑人的感官享受为主体，在风格上基本讲究舒适和视觉的美感。特别在酒店、豪宅装饰，讲究公共空间的宽敞美感，营造出梦幻的环境。

空间的色泽装饰，对整个建筑的格调来说是至关重要的。通常，地面和墙面这两个部位所占的面积较大，其装饰颜色的选择对整个建筑空间色彩起到最重要的作用，因此，地面和墙面的选材最重要。

由于大理石石材是沉积形成的，有生物的沉积物，所以具有油脂的成分在其中，经过抛光之后的大理石具有温润、油脂光泽。采用大理石装饰的空间会具有温暖的质感、能够营造出温馨奢华的气氛。

大型室内装饰的空间类型：

A. 大型酒店、写字楼、会所厅堂空间整体装饰；

B. 私家豪宅室内厅堂整体装饰。

室内通过以石材为主的装饰，配合其他装饰材料的综合利用，在灯光的配合下，形成绚丽多彩的空间效果！这里介绍一些由于室内装饰的方式不同而产生不同的艺术效果，来说明酒店装饰的选材和装饰设计方式。

欧式古典元素风格

室内的大厅：柱、门套、窗户、线条、墙壁等采用石材装饰，主要利用"线条"和"板材"这两种石材装饰元素进行干挂安装，形成很立体的空间，达到欧式古典的装饰效果。

古典墙壁角线线条

门套线条

室内古典柱

窗户线条

大面积灰色大理石地面，部分地面采用节奏式装饰。

现代室内装饰可用的装饰材料多种多样。特别是采用石材装饰，可以由设计师进行创意设计，石材最能进行很个性化的生产加工，这就是石材区别于其他装饰材料的一大优点。

这是个欧式装饰风格的案例，门、窗户、柱头、角线大量采用线条装饰。而地面采用大面积灰色大理石装饰，浅色的大理石隔条成为点缀的节奏式装饰，形成与墙面黄色大理石色彩的差异对比，构成很稳重大方的艺术空间。

室内装饰的格调

古典气派风格的中堂室内装饰案例:

本案例装饰特征:中堂采用高挑夹层建筑装饰,宽敞高耸。该案例地面采用几何全拼花,沙发后面的背景墙内采用大型油画题材,外框采用欧式大门套配合装饰;对面电视背景墙是粗面砂岩拼块,背景墙两边是欧式古典柱式装饰,延伸到二楼隔层,把空间变得灵动!屋顶的水晶灯光把空间点缀出金碧辉煌的效果。

该案例适合:现代酒店、写字楼、楼中楼公寓、别墅等空间构成方案。

大理石装饰的大型豪华空间

欧式古典元素风格

隔层板：

隔层板用线条装饰，采用的木材和石材均为线条装饰。

墙面、柱、隔层、吧台处处采用古典纹样和线条及拼块装饰的风格（福州大饭店）。

柱采用各种线条拼装

墙壁采用拼块与线条组合

拼画式：

背景为几何拼花

古典壁炉

地毯式拼花地面

室内空间以整体豪华装饰，壁炉、油画装饰墙面，地面采用全拼花，石材的应用把室内装饰成画意空间。

几何分割式：

线条酒柜

古典柱墙

分格的地面

大型客厅的地面全部分几何分格画面，与高穹顶金黄的吊顶上下呼应，柱式装饰的墙壁、线条酒柜把空间装饰成富丽、动感的"皇宫"。

室内 装饰的 格调

大理石装饰的大型豪华空间
欧式古典元素风格

中间拼花环状外延

酒店典型的装饰方式，地面中央拼花，墙面以壁画装饰，采用欧式线条包柱、增添墙壁的立体感。

绿色 生态 科技 创新

地毯式装饰

艺术地面装饰：采用云纹图案拼花装饰的石材地面，把地面装饰得富丽多彩；高耸的古典中式圆形柱装饰，配合阴雕的云纹背景墙，整个空间显得空灵与富丽。

大型酒店的大堂，以中央为核心，时尚元素包括：色彩（丰富）、划块（多样）、肌理（对比）、线条、异型（突出）、线格花样的变化、纹样的花线。大堂空间：吧台、丰富的地面，豪华的屋顶灯饰。现代酒店地面装饰已不再是简单的颜色铺设或者局部花色点缀，而是整个地面的综合划分，具有很强的层次感。

室内装饰的格调

柱头透光玉石

酒柜式墙壁

油画壁画

装饰性门柱

大堂装饰方式之一，地面中央大面积纯色色块、沿色块四周铺设放射分格花板，形成平面的主次关系（康利公司展示）。

大理石装饰的大型豪华空间

欧式古典元素风格

穿插色彩变化的地板铺设，这种方式现在大型空间中比较少用。

夹层波浪板

圆形拼花

边框方形拼花

中堂中央地面圆形几何拼花，外圆线环绕和方形拼板板线；夹层环绕一周以波浪板装饰，酒店充满奢华气派。

室内装饰的格调

奢华无比的纹样装饰空间

巴洛克风格装饰的酒店

室内装饰的**格调**

中式古典元素的室内装饰

中式古典元素包括墙壁的窗棂、雕刻传统纹样、中式线条、柱头、柱的形态、摆设等，也可以利用中式古典色彩和材质来表现中式的装饰特征。

小壁龛

褐色仿木色调

大量采用窗棂装饰墙面

八边形柱头

佛教宝相花拼花装饰

中央摆放三面佛；墙壁装饰壁龛，摆放佛像；地面中央采用佛教宝相花装饰，这些带有宗教文化的装饰，体现了主题性很强的空间装饰效果（山西大同云冈石窟接待中心）。

圆鼓形的小柱头

中式古典元素的装饰，屋顶有木结构的影子，墙壁为窗棂格子，圆鼓状柱头，中式古典家具摆设。

金黄色的灯饰

墙面采用云纹浅雕刻装饰

浅黑色的地板

现代的灯光源，古典的云纹，展现现代元素与古典元素的结合。

巨龙喷水

室内大型水景采用巨龙喷水雕塑，采用中色调的米黄与咖啡色的色彩组合，显得沉稳，形成休闲空间，这个案例从摆设元素和色调上体现中式特征（安徽黄山轩辕国际大酒店）。

室内装饰的格调

现代简约风格

纯色装饰

室内装饰的**格调**

土耳其玫瑰

　　酒店大堂，空间较大，室内柱比较多，均采用圆形包柱，土耳其玫瑰大理石装饰地面，根线纹明显，有烂漫的气质（福州阿波罗大酒店）。

整个厅地面全部是一色米黄色的大理石

　　写字楼大堂，很简洁，地板全部采用米黄色大理石装饰，柱也采用米黄色大理石凹槽方柱，碧蓝的景泰蓝钵状水景和鎏金的壁画把大堂装饰得简洁而精致。

纯色装饰

从大门通往吧台，柱、地面、夹层栏扳全部采用纯色米黄大理石，地面沿柱边嵌入黑色的花岗岩色块，起到突出的作用。

地面、柱、隔层栏扳全部采用米黄色的莎安娜大理石装饰，纯净而具有温暖的色泽。

全石幕的现代豪华空间装饰，采用黑色地板框边的走廊，大理石装饰墙面。

室内装饰的格调

现代简约风格

地板中央插色（拼画）装饰

地面、墙面大面积米黄大理石一色装饰

中央红色花岗岩和拼花

地面中央局部色块差异的装饰（浙江铁道大厦）

富丽堂皇的会所大堂，地面浓烈的纹理和几何图案组合、柱、隔层等线条流畅，灯火辉煌（融信大卫城会所）。

室内装饰的格调

现代简约风格

地板中央插色（拼画）装饰

夹层欧式线板装饰

中央喷水水景

大面积大花白

大圆形拼花

中央大堂中部大圆形的拼花，夹层层板栏杆采用欧式板装饰，整个地面金碧辉煌。

柱之间采用深色条板划分

中央插一处纹理性很强的大理石

酒店大堂设计：空间分前堂和后堂的空间，前堂悬空较多，还有接待吧台；后堂有夹层和吧台接待处（浙江杭州铁路大厦）。

室内 装饰的 格调

大理石装饰的大型豪华空间

时尚元素装饰的酒店大堂

纹理线

条纹的土耳其白色大理石平行装饰，很有时尚感。

纹理线

条纹时尚的地面装饰

古典风格式：

节奏很强的背景墙

餐厅

客厅

过渡空间立柱

线框插色地板

过堂

古典错开45度拼块

　　开放式的厅、堂，奢华、古典装饰风格，不再是墙壁呆板的分隔，而是采用过渡空间的分隔地板线连接好餐厅、客厅、书房、卫浴等不同地面铺设的空间。石材装饰形成色彩富丽、层次色块清楚的空间特征。

室内 装饰的 **格调**

家居豪华空间的装饰

时尚奢华式：

自然纹理背景墙　　　　玛瑙切片背景

地毯式拼花地面

　　居家室内空间的设计，厅的面积通常不像宾馆或者写字楼那么大，有一定的局限性，但是经过石材的巧妙装饰，可以把居家变成一个画意的立体空间。

木化石背景墙　　　　肌理很强的石材

折变的拼花地面

　　纹理画背景的客厅装饰，色彩绚丽明快，石材装饰艺术化犹如动感的抽象画面（环球公司展示）。

室内
装饰的
格调

简约式：

平直墙壁

内凹式亮光壁龛

中间采用纹理石材装饰突出地面对比

　　常见比较简洁的居家空间装饰案例，电视背景墙采用凹陷的方式装饰，地面的中央采用纹理较丰富的石种装饰。精细的石材经过分割拼装，把空间装饰得富有变化。

马赛克背景墙，欧式线条边框。

地面拼块组合

室内 装饰的 **格调**

　　现代、时尚、简约。马赛克背景墙，方块拼画的地面，显得严谨而有变化。

家居豪华空间的装饰

欧式古典式：

室内
装饰的
格调

装饰性罗马柱

古典线条装饰隔层

拱穹式门与油画壁画组合

拼花地面

　　家居中堂高耸，夹层建筑，墙面采用古典壁画式装饰，强调空间的立体层次感；夹层的栏板采用线条及柱装饰，立体庄重。

简化欧式古典式：

凹面电视背景墙

方形线条背景墙

　　大型空间的装饰，地面中央部位采用古典线砖拼画，墙壁采用凹陷墙和线条的门套装饰，具有古典的稳重、富丽堂皇。

家居豪华空间的装饰

室内装饰的格调

时尚风格式：

印染花背景墙

玉石纹理装饰壁画

透光玉石玄关

回字形拼花地板

　　居家装饰客厅，地面采用满堂的拼画，四周墙壁分别采用大理石拼画、天然玉石拼画、自然纹理的玉石壁画，丰富生动（华辉展厅）。

回纹格状

挂画式壁画装饰

中国古典图案背景墙

中式主题镶嵌壁画

枣红色是中式古典色彩

中式古砖，色彩与闽南红砖色彩类似。

　　中式古典装饰格调，采用枣红色、米黄色中式古典颜色元素装饰地面，传统主题雕刻的条屏壁画及地方风格的马赛克拼画及中式古典家具的摆设，把中式古典意境表现的淋漓尽致。

室内_{装饰的}**格调**

民居家装厅堂案例：悬空的一二层，一楼地面大面积拼花与大水晶灯相呼应，显得富丽奢华。

室内
装饰的
格调

居家客厅的空间装饰，地面采用中央拼画，墙面采用大理石板材装饰，电视背景墙特别装饰。

大理石装饰的大型豪华空间

大型酒店、写字楼、会所、豪宅等
厅堂墙壁设计

现代墙壁除了传统的贴法之外，还有很多新式创意装饰方式。墙壁的类型：超异型壁画，古典线条壁画、超大图案壁画、纹理壁画。

无线条的平滑墙壁（时尚简约式）

大型酒店、写字楼、会所、豪宅等 **厅堂墙壁设计**

花岗岩铺设有镜面质地感和时尚、现代的质感。

板条肌理和板材质地古朴的装饰

无线条的平滑墙面：墙壁只有板材装饰，上无屋顶线条，下无踢脚线，墙壁中间无腰线、壁画等；地面纯色无它色。这是被视为现代简约装饰的方式，其美感是通过精致的拼接和表面加工来展示新工艺之美、材料之美。

屋顶不采用线条

色泽之美

不采用踢脚线

墙面元素： 50cm×30cm

地面元素： 100cm×100cm

上无线眉，下无墙裙线条，用金黄色大理石板材装饰成绚丽的空间色泽之美。

大型酒店、写字楼、会所、豪宅等 **厅堂墙壁设计**

无线条的平滑墙壁（时尚简约式）

大型酒店、写字楼、会所、豪宅等**厅堂墙壁设计**

长板

断点

短板

横线延伸

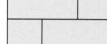

竖向错开

板材竖向拼缝，横有断线。

竖向延伸

横向延伸

同一规格的板材

横向、竖向缝均对接延伸

没有线条的板材装饰平面，大理石色彩温润和细腻的质感，把空间装饰的很温馨。

无线条的平滑墙壁（时尚简约式）

竖向延伸

横向延伸

同一规格的板材

板材竖向铺设

墙壁没有线条装饰，板材竖向排列从地面直达屋顶，形成一堵平整的墙面。

大型酒店、写字楼、会所、豪宅等 **厅堂墙壁设计**

长板条色块

会客厅：大规格的长板材间色铺设，显得大气简约。

无线条的平滑墙壁（时尚简约式）

厅堂墙壁设计

墙面无线条装饰

楼梯栏板、台阶板均为方形

室内采用平整的大理石装饰，整体整洁、亮丽、时尚（杭州博物馆）。

柱无异型线条装饰

全是平板粘贴

柱、梁和各种墙面都是平板装饰。

柱、隔层拦板

地面

柱、隔层栏板、墙面全部是平滑的板材装饰，整个空间均无采用角线装饰（杭州博物馆）。

无角线

平板踢脚线

地面和墙面采用大理石装饰，平滑饱满，通过屋顶的天花板来表现灵动（山西大同云冈石窟接待中心）。

无角线

无踢脚线

大型空间墙壁大理石平整干挂，空间显得疏朗而且有刚性（福州会展中心）。

大型酒店、写字楼、会所、豪宅等 **厅堂墙壁设计**

大型酒店、写字楼、会所、豪宅等**厅堂墙壁设计**

　　现代室内墙壁为了更加丰富墙壁的装饰效果，采用同色不同规格的板材装饰，增强墙壁的层次感。

柱缝

A

B

墙面元素：

A

B

米黄色大理石装饰的墙面，为了加强墙面的层次感，板材分割大小有变化，产生立面的丰富性！

单边开槽：

一边板开槽

色彩均匀的大理石，割边留缝，适合家居、酒店。

两边留缝的墙壁

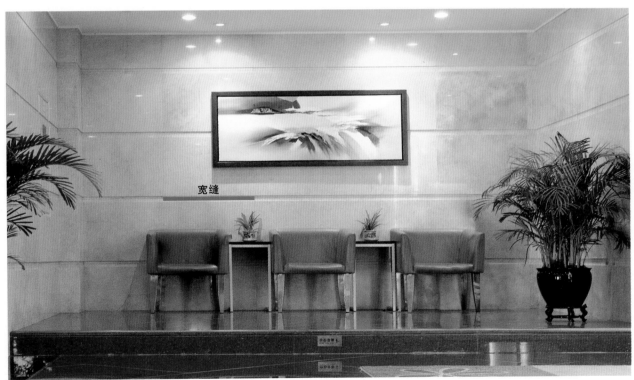

宽缝

板材留缝比较大，单边留凹边。

大型酒店、写字楼、会所、豪宅等 **厅堂墙壁设计**

分隔（缝）线的装饰

馈头面，四面磨面边。

两面开槽和磨面边

横竖都是凹槽面的墙面

大型酒店、写字楼、会所、豪宅等 **厅堂墙壁设计**

墙面的凹凸，体现了装饰的立体感！

斜方向板材装饰墙面，墙面有凹凸变化。

大型酒店、写字楼、会所、豪宅等**厅堂墙壁设计**

大型酒店、写字楼、会所、豪宅等**厅堂墙壁设计**

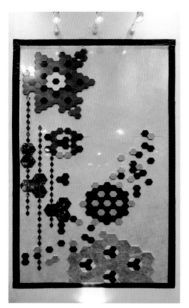

用几何块粘贴在平面板上，形成凹凸立体的画。

粗面和光面板块交替组成的凹凸墙面，板材大小变化有致。

凹凸大小变化的板条墙面，这样的变化产生立体感。

墙壁有规律地留一条凹槽，使墙面有虚实感。

凹凸墙壁

大型酒店、写字楼、会所、豪宅等 **厅堂墙壁设计**

凹凸（虚实）装饰

大型酒店、写字楼、会所、豪宅等 **厅堂墙壁设计**

凸面大理石装饰

凹面的墙壁墙

粘贴在平面上的凸板条

墙角交角的几块粗面石如同锁石一样，形成装饰。

白色板块穿插在纹理丰富的板材中，色彩及板材厚度差异化的墙面，墙面活泼。

大型酒店、写字楼、会所、豪宅等厅堂墙壁设计

沙发后以土耳其白沙装饰，自然面、蘑菇石间插其中，平面的装饰有起伏变化把空间显得活泼。

超异型表面处理的墙面

表面处理成为现代石材墙面装饰的时尚，改变了单一色彩石材表面的单调。表面处理不但能够满足空间的功能需要，而且也能把文化的理念贯穿在装饰之中！

大型酒店、写字楼、会所、豪宅等

厅堂墙壁设计

仿生肌理表面处理，墙体似被生物修饰的效果。

仿自然风化肌理的板材表面装饰的墙壁

为了吸音，墙壁采用钻孔的方式处理，国家大剧院通道墙壁特殊处理，达到吸音的效果！

不规则表面处理板和拼画的壁画组合的墙

大型酒店、写字楼、会所、豪宅等 **厅堂墙壁设计**

超异型表面处理的墙面

大型酒店、写字楼、会所、豪宅等 **厅堂墙壁设计**

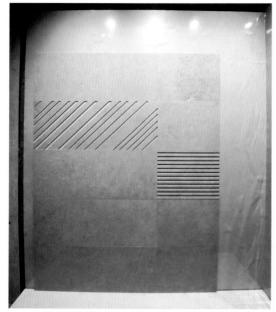

　　拉槽的表面处理的板材和光面板材组合，形成对比的装饰效果。

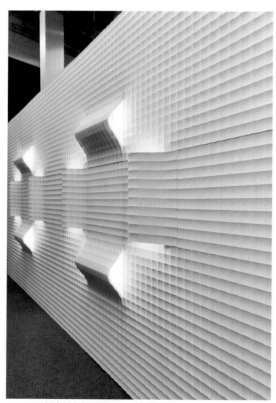

　　凹坑板材表面处理，墙壁显得立体，把壁灯直接作为墙壁元素装饰在墙壁上，优雅别致。

拉细毛处理，墙体表面出现毛茸茸的软质感。

墙壁的大型波浪曲折变化，构成空间立面的活泼变化之感。

板材表面按照波浪纹处理以及波浪状排列的同纹壁灯，使墙壁成为起伏变化的墙面，体现出石材肌理创意。

大
型
酒
店
、
写
字
楼
、
会
所
、
豪
宅
等
厅堂墙壁设计

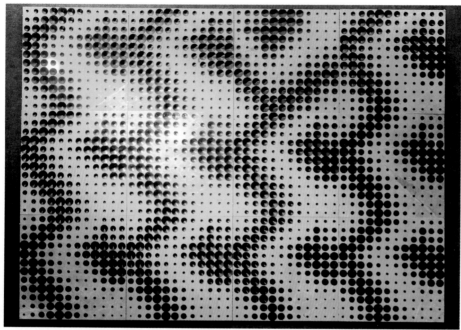

黑色花岗岩石材表面采用钻孔与喷涂黄色颜料，墙壁充满韵律。

室内大理石表面仿皮革龟裂纹处理的墙

表面规则图案处理的墙壁

古典式墙壁装饰

古典式墙壁装饰是奢华的一种表现形式。利用墙壁的线条，增加更多的立体柱式要素，达到墙壁的不平淡和立体层次之感。欧式古典的奢华，就是在这样的思路下形成的。

古典式墙壁装饰方式：柱壁、线条，壁龛。

大型酒店、写字楼、会所、豪宅等 **厅堂墙壁设计**

古典式墙面装饰

大型酒店、写字楼、会所、豪宅等 **厅堂墙壁设计**

各式柱式壁龛装饰的墙面，把墙壁装饰得很立体。

壁龛式装饰的古典空间，凹凸有致，充满立体。

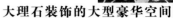

线条、异型、柱等古典式装饰要素的加入，可以把石材变成精致和多样的立体平面，不管是线条还是异型的使用，墙面总会产生很强的层次感、立体感！

装饰性柱

装饰性柱，没有起到建筑承重的结构作用。

壁柜采用线条装饰

壁龛式墙壁装饰

黑金花柱是门口装饰性的柱，对结构没影响，起到装饰的作用！

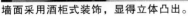

墙面采用酒柜式装饰，显得立体凸出。

古典式墙面装饰

　　古典大理石建筑立面，线条作为门线和墙顶的装饰，勾勒出建筑的立体效果，墙体半腰部采用粗糙石强调线条美感，墙面的板块分割成为参考经典案例。

45度错开的拼装，墙壁局部采用差异装饰，达到变化的目的。

　　白色大理石装饰，往往是高雅的装饰色彩，墙面装饰线条和柱，表现得很有立体层次的美感，也是古典墙壁案例之一。

雕刻复杂的欧式壁画墙

柱、壁画、上下线条装饰的墙壁。

大型酒店、写字楼、会所、豪宅等**厅堂墙壁设计**

大型酒店、写字楼、会所、豪宅等**厅堂墙壁设计**

方柱式壁画装饰

柱壁装饰

墙裙、楼梯和柱饰满大理石线条装饰。

马赛克、拼花等元素加入的古典墙面装饰。

墙面利用线条分割出很多的小面，形成了立体的墙面装饰。

大型酒店、写字楼、会所、豪宅等 **厅堂墙壁设计**

古典式墙面装饰

大型酒店、写字楼、会所、豪宅等 厅堂墙壁设计

墙裙、墙身、上线条装饰的古典墙面。

古典形式墙壁，中间凸出的壁画采用纹样装饰，两边采用镜框式装饰，墙面波浪对称有致。

大型酒店、写字楼、会所、豪宅等 **厅堂墙壁设计**

整堵墙壁两边是过门，中间墙壁采用近深色的平行纹黄洞石加上外框形成壁画，产生突出的质感，整堵墙虚实对比，线条明晰。

墙壁有软包，利用线条装饰门和大橱窗及小格的摆设洞，用质感不同的石材制造了虚实意境的墙面。

大理石装饰的大型豪华空间

古典式墙面装饰

墙面中间方柱外凸，夸张，线条明显，采用多色材料组织。

不同的纹理，不同的色泽，龛中浅黄色大理石，对比鲜明，感觉很美！

古典墙面中生产的石材的做法

大型酒店、写字楼、会所、豪宅等 **厅堂墙壁设计**

欧式古典壁画

大型酒店、写字楼、会所、豪宅等

厅堂墙壁设计

欧式墙壁

古典式墙壁,采用柱壁装饰,局部以线条分割成对称图案。

最简单的踢脚线装饰墙

墙裙腰线突出，立体感强。

墙裙和窗户局部装饰线条的墙壁

线条装饰墙裙、墙身、墙面显得立体。

大型酒店、写字楼、会所、豪宅等**厅堂墙壁设计**

大理石装饰的大型豪华空间

古典式墙面装饰

厅堂墙壁设计

多层次线条装饰的墙体

室内多线条的墙壁,以三段长方格线条装饰。

简易古典式：在墙裙装饰做一些变化。

二层踢脚线装饰的古典标准墙面

壁画装饰的墙面

壁龛式壁画

墙壁不再是一堵平坦的平面，一般以凹陷的方式装饰，把墙壁装饰成为立体多变的空间。

以柱来装饰墙壁，在墙壁上形成大的框套，成为一堵景观墙，或艺术品摆设的背景墙。

墙凹面采用白金龙纹理石材拼纹装饰，形成几何构图。

龛内采用横向的板条装饰的背景

柱壁及弧形壁龛装饰的墙面

弧形凹陷壁龛墙壁装饰，龛内波浪线的磨光装饰。

壁龛式壁画

古典壁龛式墙壁

壁画式装饰

大型酒店、写字楼、会所、豪宅等**厅堂墙壁设计**

壁龛式壁画

方形壁龛内装饰大型花果壁画

壁龛内装饰马赛克

在古典列柱式后，装饰拱券形的壁龛，龛内装饰精雕细刻的壁画，墙体立面层次丰富。

大型酒店、写字楼、会所、豪宅等 **厅堂墙壁设计**

壁龛式壁画

波浪线挂板

四周灵透与凹陷的墙壁，空间显得通灵。

凹陷式的墙壁装饰，龛内平板装饰。

大型酒店、写字楼、会所、豪宅等 **厅堂墙壁设计**

镶嵌式壁画

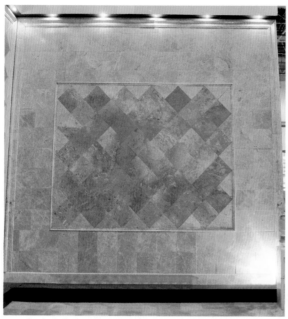

框内古典正方形斜铺拼块，框外大理石整齐直铺，形成铺设对错的装饰差异效果。

古典几何拼块的墙面

内为纹理性装饰壁画，壁心外边配合玻璃装饰，突出中心石材的装饰效果。

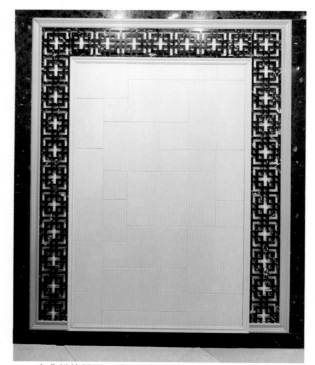

古典拼块板面，壁心外框加入中式回形线框装饰，产生整体感。

镶嵌式壁画

仿海底生物的表面板块，拼成差异化的艺术墙面。

点缀几块外凸的传统纹样的壁花，墙面形成局部点状装饰。

大型酒店、写字楼、会所、豪宅等 **厅堂墙壁设计**

整个墙面以对称形式划分：两边壁画，中间采用花纹装饰，墙裙采用自然面条石与线条。

马赛克拼花壁画

墙面可以用"画"来装饰，体现主人的品位与艺术的生活空间。

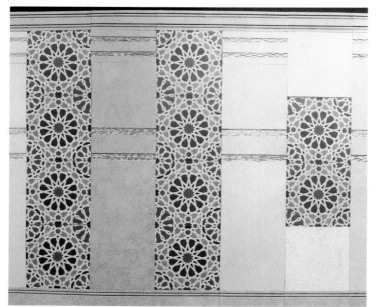

马赛克和板材结合的墙面

用石材拼成油画画面的壁画，色彩丰富生动。

大波浪挂式立体壁画

大型酒店、写字楼、会所、豪宅等 **厅堂墙壁设计**

壁画装饰的墙面

马赛克拼花壁画

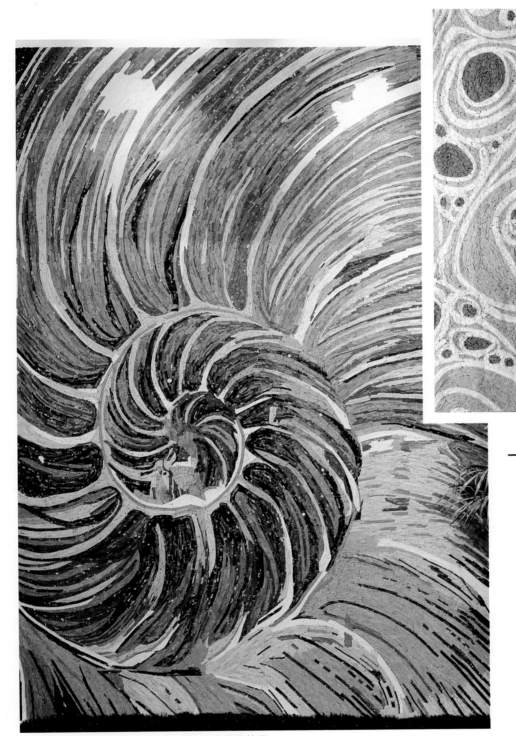

仿鹦鹉螺纹理的马赛克，具有很强的扩张装饰效果。

大型酒店、写字楼、会所、豪宅等 **厅堂墙壁设计**

壁画装饰的墙面

马赛克拼花壁画

大型酒店、写字楼、会所、豪宅等 **厅堂墙壁设计**

连墙壁和地面的拼画（拼花）

马赛克拼花壁画

以纯色大板材做底面（相当画布），仿油画、中国画等用拼花嵌镶出各种艺术的板画，具有很高的艺术装饰价值。

连接墙面和地面的拼花

大型酒店、写字楼、会所、豪宅等 **厅堂墙壁设计**

马赛克拼花壁画

大型酒店、写字楼、会所、豪宅等**厅堂墙壁设计**

一堵墙就是一幅画，利用米黄色做底色，中国画——"竹"的主题跃然墙面。

马赛克拼花壁画

大型墙壁连地面壁画

大型酒店、写字楼、会所、豪宅等**厅堂墙壁设计**

马赛克拼花壁画

春兰

夏竹

秋菊

冬梅

大型酒店、写字楼、会所、豪宅等**厅堂墙壁设计**

采用黑白两种大板块为背景拼出的风光画

马赛克拼花壁画

写意的装饰画，均采用大板材为底板镶嵌马赛克装饰。

大型酒店、写字楼、会所、豪宅等**厅堂墙壁设计**

木材材质与石材一起装饰的墙面，装饰不再是单调的石材，可以利用木材的柔韧性来装饰许多不同空间要求的场所。

精美的木雕壁画镶嵌在大理石的墙壁中，构成一幅立体画卷。

透光石与窗棂组成变化的墙面，构成中式元素装饰风格。

木窗棂

大理石线条柱框和木雕窗棂组成的墙体

木窗棂

窗棂的镶嵌是中式的元素体现

大型酒店、写字楼、会所、豪宅等 厅堂墙壁设计

大型酒店、写字楼、会所、豪宅等 厅堂墙壁设计

石材与玻璃结合

大理石

玻璃

玻璃镂花和大理石组合的墙壁，现代时尚材质多样的虚实组合。

金属材料镶嵌的各种案例

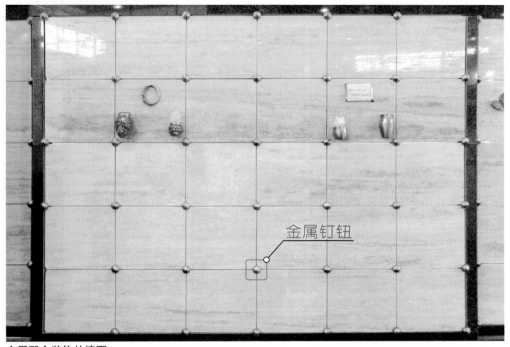

金属钉钮

金属配合装饰的墙面

金属隔条

割缝中采用其他金属材料来对比

大型酒店、写字楼、会所、豪宅等**厅堂墙壁设计**

多材质装饰的墙壁

金属材料镶嵌的各种案例

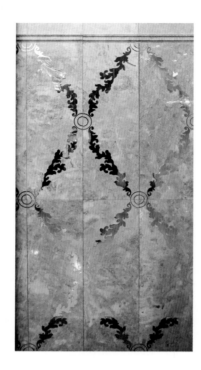

大型酒店、写字楼、会所、豪宅等 **厅堂墙壁设计**

不锈钢贴花

铜花装饰

大型酒店、写字楼、会所、豪宅等 **厅堂墙壁设计**

如画的墙壁，地面金属嵌边的板材和45度交错的铺设，墙壁是马赛克画和金属镶嵌装饰的板材，层次清楚。

大型酒店、写字楼、会所、豪宅等 **厅堂墙壁设计**

铜板拼画与板材的组合

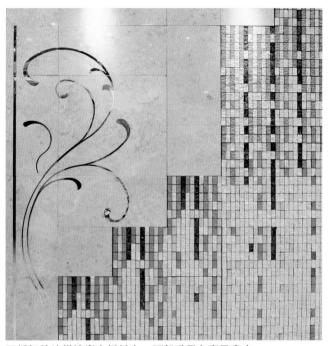

不锈钢的纹样镶嵌在板材中，下部采用多彩马赛克。

砂岩墙面中玻璃马赛克镶嵌

大理石表面装饰铜云纹样，形成多材质组合的壁画。

细毛状纹理装饰的空间，细腻，静谧。

大型酒店、写字楼、会所、豪宅等 **厅堂墙壁设计**

顺纹装饰：纹理的木纹以平行对接排列，展示了自然肌理之美。有规律而粗犷。

石材纹理装饰的墙壁

大型酒店、写字楼、会所、豪宅等 **厅堂墙壁设计**

波浪纹大理石装饰的壁画，玄妙、神奇。

浅灰色大理石，表面上金色的纹线如同油画一般。

纹理的狂野可以渲染平面的意境

大型酒店、写字楼、会所、豪宅等 厅堂墙壁设计

如同自然中火山喷发的云雾纹理板材装饰的壁画和几何分割的地面形成为艺术空间

大型酒店、写字楼、会所、豪宅等

厅堂墙壁设计

欧式古典墙面中的一些面板采用自然纹理组合成美妙的图案装饰

墙壁的纹理很狂乱，自由追纹拼接，要预先排好编号再安装。

同层段顺纹拼接的板，色泽一致。

平行纹

墙壁利用横线纹的贵州木纹顺纹对接铺设，形成整体流线纹。

A面   A面对面板

大花白线纹很夸张的表现力，通过对接形成山峰等抽象美感的图案，对空间有很强的艺术渲染。

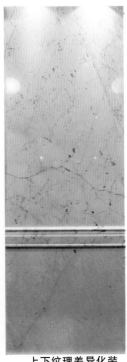

上下纹理差异化装饰，上为密集的纹理，下为稀疏纹理。

大型酒店、写字楼、会所、豪宅等**厅堂墙壁设计**

石材纹理装饰的墙壁

大型酒店、写字楼、会所、豪宅等 厅堂墙壁设计

对拼纹

平行纹

纹理合理地组织，空间变得更加有艺术。

正反拼接的纹理图案，显得气宇非凡。

顺纹地面

地面顺纹理装饰的欧式古典廊，空间显得流动感。

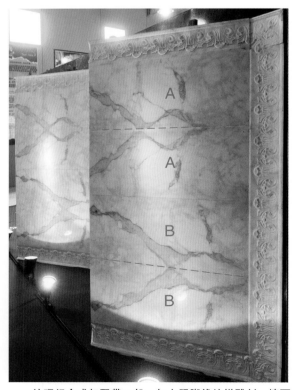

A

A

B

B

纹理组合成如飘带一般，加上踢脚线纹样雕刻，墙面生动多样。

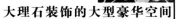

纹理梦幻的古木纹

大型酒店、写字楼、会所、豪宅等

厅堂墙壁设计

地面采用纯黑色小片状铺设，墙壁的大规格纹理变化与梦幻的古木纹形成对比，产生美感。

具有纹理的板材，大小不同规格组合，重新组织成新的图案效果。

斜线纹的对接，可以成为四边形的图案。

大型酒店、写字楼、会所、豪宅等 **厅堂墙壁设计**

花斑纹

马赛克

无纹理

墙面采用曲线纹的白色大理石，地面采用无纹理的黄色板材，不同平面装饰的不同肌理的大理石产生装饰对比，形成美感。

利用石材纹理追花案例（陶瓷仿石材纹理）。

草纹和纯色无纹的大理石面结合

细丝线纹的墙壁

花点线平行纹追接的墙壁

大型酒店、写字楼、会所、豪宅等**厅堂墙壁设计**

凹陷墙壁装饰

大型酒店、写字楼、会所、豪宅等 厅堂墙壁设计

深凹的壁龛，制造空间的空灵之感。

高耸的龛状设计，来淡化墙壁的单调。这种龛式的墙壁装饰，对于高耸的空间，起到丰富室内的空间效果，增加空间的空灵感。

凹陷墙壁装饰

柱装饰壁龛内

龛内摆设壁炉，点缀、丰富空间艺术。

大型酒店、写字楼、会所、豪宅等**厅堂墙壁设计**

圆拱的壁龛，显示古典建筑的设计艺术。

· 91 ·

大理石装饰的大型豪华空间

凹陷墙壁装饰

大型酒店、写字楼、会所、豪宅等 **厅堂墙壁设计**

玻璃和白金龙大理石线条装饰的壁龛

流水式壁龛，适合玄关、过门这些不是很经意的地方（厦门维多利亚酒店）。

摆放佛像的小壁龛

墙壁装饰一排壁龛，用于体现景区特色（大同云冈石窟接待中心）。

凹面墙

多个壁龛，墙壁变得波折，暗喻空间设计理念，
任何事物变则灵，不变则呆板！（无锡梵宫）

大型酒店、写字楼、会所、豪宅等 **厅堂墙壁设计**

壁龛上的镂空窗户和地面透光环呼应

地面装饰

　　室内地面是人们生活中直接接触的场所。现代室内地面的装饰设计，可以实现艺术化铺设！采用石材装饰，能够从很多方面实现地面的艺术铺设效果。

　　在我们的印象之中，地面通常是很规矩的方块板装饰，但现在不但可以进行传统方式的铺设，而且可以利用石材特殊的纹理，把纹理组织成各种纹理图案；或者利用石材的色彩，通过拼花，形成如画地面；地面成为具有装饰创意的重要装饰区域。

　　现代地面装饰更加接近功能需要，比如商业公共场所（机场、医院、教育）讲究简洁明朗；大型高档宾馆，讲究富丽堂皇；私家豪宅讲究温馨富丽；文化空间讲究奇特、梦幻等等。石材的不同种类能够满足这些装饰的需求！

　　一、传统单色彩地面铺设：由于过去取材的困难，古代地面基本是单色铺设，古典地面利用块度的变化，合理的拼接变化，色彩穿插，创造出许多经典的拼块案例，至今也在利用。

　　二、带线边的地板铺设：框边的处理是很常用的一种方式，也是通常普通装饰的方式。

　　三、几何组合装饰：把地面通过几何线。划分成不同的区域，对每个区域采用不同的装饰方式。

　　四、整个图案铺设：把空间的某个地面看成是一个画板，根据空间的原理，整个以一张画的形式装饰。

　　五、纹样铺设：纹样是装饰中最常用的装饰方式，通常采用拼花方式实现。

　　六、纹理铺设：最好的案例就是北京国家大剧院，这是一个很有创意的色彩组织设计。

　　空间不再平淡，地面不再单一，新的装饰色彩与艺术可以把我们的生活带到另外一个境界！这就是现代文化装饰的开始。

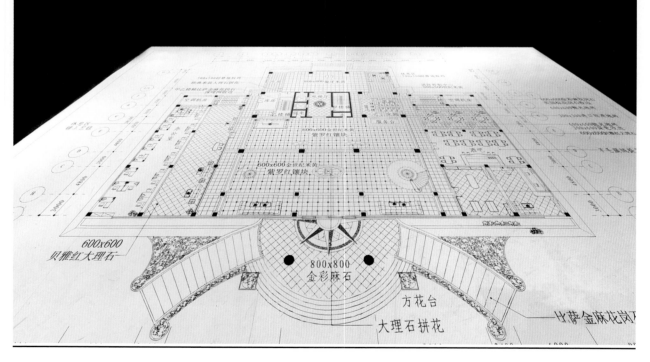

简洁纯色的地面

埃及米黄大理石

大型酒店、写字楼、会所、豪宅等**厅堂地面装饰**

墙面、地面同为一色的大理石装饰，廊道空间很温和、简约、舒适！

单一石种的铺设

简洁纯色的地面

西班牙米黄

黑白根

单色的地面装饰，显得淡雅、庄重。

丝路米黄

最传统 600mm×600mm 规格的地面单一规格铺设，感觉比较洁净、平和。

大型酒店、写字楼、会所、豪宅等 厅堂地面装饰

单一石种插入另外石种

插点式装饰

把石板两个对角倒圆角切掉，在切掉处补上一小块深色的石种，对比强烈些。

大型酒店、写字楼、会所、豪宅等**厅堂地面装饰**

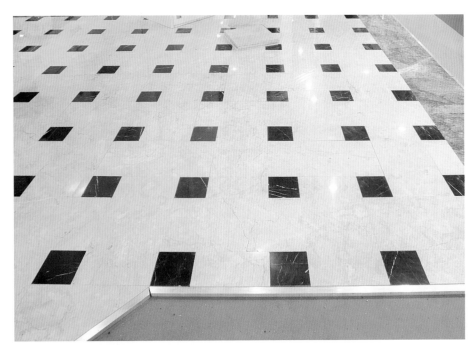

方块黑色大理石平行插入长方形黄色大理石中，形成几何花式地面。

单一石种插入另外石种

插点式装饰

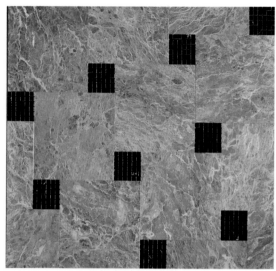

错动角以小方块马赛克装饰，突出变化。

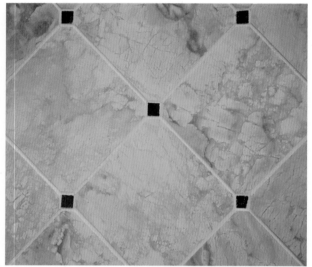

四角切边，形成小方块，用其他的颜色拼填，形成花点。

错位处插拼花一块，形成有画意的地面。

大型酒店、写字楼、会所、豪宅等 **厅堂地面装饰**

单一石种插入另外石种

插入横条

层层叠叠，丰富多彩！

大型酒店、写字楼、会所、豪宅等**厅堂地面装饰**

在通道地面上，大小不同颜色的板条横向铺设，如同钢琴的键盘一样，产生跳跃色，形成很强烈的节奏感。

插入横条

用三种不同规格、不同色彩板材装饰间色的地面，产生节律感。

指示性的色块装饰设计，预示着一种特别的空间部位（宁波万达广场商业大厅）。

插入横条

　　地面采用大面积黄色大理石铺设，咖啡色的啡网纹大理石穿插其中，色彩对比不强，形成淡雅而略有色彩变化的空间装饰的效果。

地面大面积的米黄色铺设，阶段性插入一条深色的板条，间歇而有节奏的变化，把地面装饰得不再单调。

大型酒店、写字楼、会所、豪宅等 **厅堂地面装饰**

大理石装饰的大型豪华空间

单一石种插入另外石种

插入横条

大型酒店、写字楼、会所、豪宅等 **厅堂地面装饰**

采用斜方向铺设的装饰，打乱了小空间的规矩和压抑。

单一石种插入另外石种

插入横条

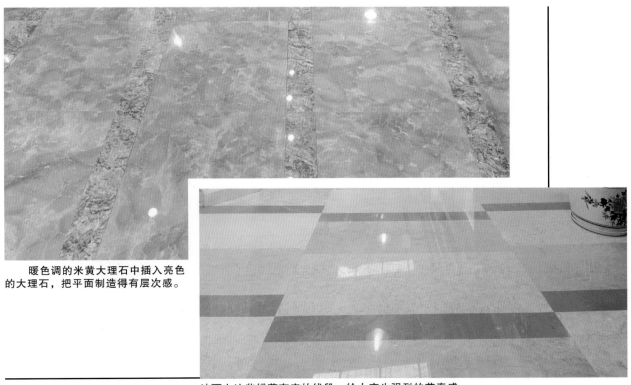

暖色调的米黄大理石中插入亮色的大理石，把平面制造得有层次感。

地面上这些错落有序的线段，给人产生强烈的节奏感。

平行纹错开的节奏

单一石种插入另外石种

中间换色

红色框线区分米黄大理石的不同铺装方式

深咖啡色的啡网纹框，地面形成图案。

中间换色

用深色板条做框，框内采用丰富纹理的大理石，地面呈现色彩浓淡对比、纹理强弱对比的效果。

框外是无纹米黄色大理石，框内大面积装饰平行纹的洞石，地面色彩基本一致，纹理对比强烈。

大型酒店、写字楼、会所、豪宅等**厅堂地面装饰**

中间换色

大型酒店、写字楼、会所、豪宅等 **厅堂地面装饰**

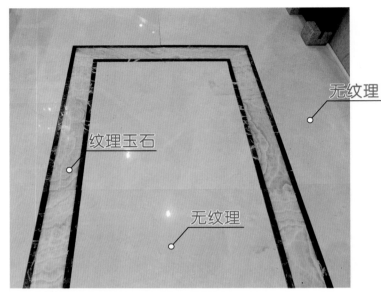

纹理玉石

无纹理

无纹理

框线中装饰有纹理的石材

靠近墙壁采用深色的板线勾勒，把地面的立体感凸显出来。

框内斜拼块，框外正拼块。

围绕中心铺设

弧形线扩张的方向，寓意空间运动的方向。

大堂地面在整体的中心规划下，局部区域可以做很细碎的花色组合。

大理石装饰的大型豪华空间

单一石种插入另外石种

围绕中心铺设

中堂

走廊

分隔线

根据建筑空间的变化，沿着界限的边沿做图案装饰，把建筑装饰做得很立体。

大型酒店、写字楼、会所、豪宅等**厅堂地面装饰**

不对称铺设

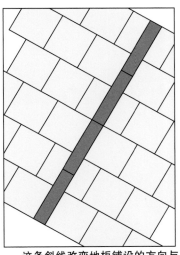

这条斜线改变地板铺设的方向与板块块度大小的变化

在单一石材铺设时需要进行分割，穿插一些色彩更深的石材来改变地面的单调性。

锯齿状的色块铺设，地面不再规矩。

大型酒店、写字楼、会所、豪宅等**厅堂地面装饰**

单一石种插入另外石种

不对称铺设

两种大理石按波浪线装饰，地面形成斑马纹。

围绕墙角，地板按照放射状方向的铺设，地板铺设灵活。

条块有节奏变化的地面装饰

大型酒店、写字楼、会所、豪宅等**厅堂地面装饰**

大抽象图案装饰

把地面当成一个大画布，根据建筑功能进行抽象的图案描画，空间成为艺术的殿堂。

抽象画

大型酒店、写字楼、会所、豪宅等**厅堂地面装饰**

大抽象图案装饰

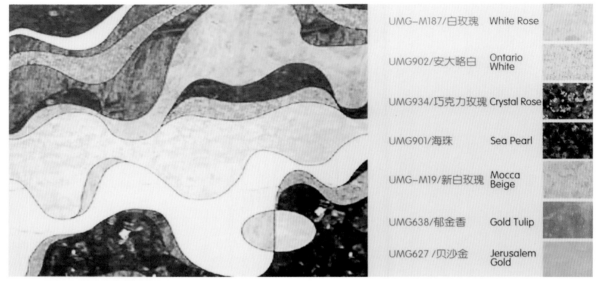

UMG-M187/白玫瑰	White Rose	
UMG902/安大略白	Ontario White	
UMG934/巧克力玫瑰	Crystal Rose	
UMG901/海珠	Sea Pearl	
UMG-M19/新白玫瑰	Mocca Beige	
UMG638/郁金香	Gold Tulip	
UMG627/贝沙金	Jerusalem Gold	

石材对照表 Stone averageserving

流畅抽象的花纹，似同梦幻的流水。

大空间的地面，黑色如同舞带一样在地面舞动。

大堂和走道两个地面之间采用分割线区别开来，左边大堂采用两色大色块拼画铺设地面，右边采用简洁色彩铺设的地面。

大型酒店、写字楼、会所、豪宅等**厅堂地面装饰**

大抽象图案装饰

大面积室内地面铺设，地面图形与空间形态和谐呼应。

金黄色的板条似一张网一样，铺设在深咖啡色的石材中。

大理石装饰的大型豪华空间

大抽象图案装饰

大型酒店、写字楼、会所、豪宅等**厅堂地面装饰**

浅色米黄色板条按照冰花纹图案，把金黄色的大理石地面装饰得艺术多变。

飘动的地面，采用非方形和矩形板材的圆弧形板条铺成的地面。

"浪回头"地面艺术化铺设，不再单调、呆板，而是活泼的画面。

以虎皮纹仿生的地面，感觉奇特！

波浪线外延的铺设效果，地面如同一片开着的花。

大型酒店、写字楼、会所、豪宅等**厅堂地面装饰**

纵横交错装饰

两色交错装饰

地面中间采用大面积的交错拼色，边框三重边线装饰。

大堂中央的斜格拼花，把地面处理得很活泼而不单调。

大型酒店、写字楼、会所、豪宅等厅堂地面装饰

两色交错装饰

灰白结合的地面，拼成"回"字，重叠铺设。

黑金花

金色年华

金色年华边粘上黑金花做成方块，再进行铺设。

大型酒店、写字楼、会所、豪宅等**厅堂地面装饰**

两色交错装饰

大型酒店、写字楼、会所、豪宅等**厅堂地面装饰**

三色交错装饰

淡雅印度流金金黄色花岗岩和黑金沙的细条结合，形成大厅的地面铺设。

交错铺设的客厅

大型酒店、写字楼、会所、豪宅等**厅堂地面装饰**

中央插花式装饰

地面圆形拼花与吊顶的圆形灯上下呼应

马赛克、拼花艺术图案装饰

中央插花式装饰

大型酒店、写字楼、会所、豪宅等**厅堂地面装饰**

中央插花式装饰

整个室内空间按照一个大图进行拼画，营造出绚丽的宫殿艺术效果。

大型酒店、写字楼、会所、豪宅等 **厅堂地面装饰**

中央插花式装饰

中央圆形拼花，边框装饰深色线条。

中央装饰图案

大型酒店、写字楼、会所、豪宅等 **厅堂地面装饰**

马赛克、拼花艺术图案装饰

中央插花式装饰

玻璃和拼花石材组成不同材质的地面

栏杆式大理石雕刻的板与玻璃粘结

隔层是大理石板装饰

圆形吊灯下是圆形的拼花呼应

开槽的柱装饰

柱与柱之间采用拼花板连接

米黄色大理石把整个空间的构件，地面、柱、墙壁等表面全部装饰起来，通过不同的装饰方式变化，形成统一与变化的美感。

马赛克、拼花艺术图案装饰

中央插花式装饰

米黄色大理石

印度红花岗岩

一个空间采用不同的石材装饰，有些地方采用大理石，有些地方采用花岗岩，以区别空间的功能。

隔层板大理石

柱上装饰大理石

中央纹理大理石

地面大理石铺设

隔层、柱、地面全部采用一色米黄大理石装饰，中间装饰为纹理的板材，空间富丽堂皇！

大型酒店、写字楼、会所、豪宅等 **厅堂地面装饰**

中央插花式装饰

大堂中央的大型拼画

厅堂中局部的拼花装饰，把厅装饰得很有动感。

大型酒店、写字楼、会所、豪宅等**厅堂地面装饰**

满堂式拼块装饰

先拼花成规格板的地面

大理石色彩丰富，具有所有的色系，通过对色系的组织，把大理石切割拼成各种能够重新组织的规格板（600mm×600mm，700mm×700mm，900mm×900mm）或根据工程分割实际规格需要的规格。一般先做成同一规格的板材，用这些板材进行地面铺设，再线板收边，通过这样铺设的地面，具有艺术化强，生动的艺术效果。

拼块装饰空间

大型酒店、写字楼、会所、豪宅等厅堂地面装饰

大理石装饰的大型豪华空间

马赛克、拼花艺术图案装饰

满堂式拼块装饰

地面满堂采用拼花装饰，空间美感十足。

马赛克、拼花艺术图案装饰

满堂式拼块装饰

地面用方格子分块，可应用于艺术空间，也常在厨房、淋浴间等生活空间中应用。

中间拼块与边拼花线板形成艺术地毯的地面

大型酒店、写字楼、会所、豪宅等**厅堂地面装饰**

满堂式拼块装饰

大型酒店、写字楼、会所、豪宅等 **厅堂地面装饰**

梦幻环的地面，感觉比较花俏！

满堂式拼块装饰

大型酒店、写字楼、会所、豪宅等**厅堂地面装饰**

多种几何重叠，变化多端。

满堂式拼块装饰

八边形的花状结构铺设效果

板条形斜拼板

满堂式拼块装饰

满堂拼花方式（上海复旦大学）

大型酒店、写字楼、会所、豪宅等**厅堂地面装饰**

满堂式拼块装饰

大型酒店、写字楼、会所、豪宅等**厅堂地面装饰**

满堂式拼块装饰

如今，地面可以将石材如同地毯一样进行铺设，达到很好的艺术效果。

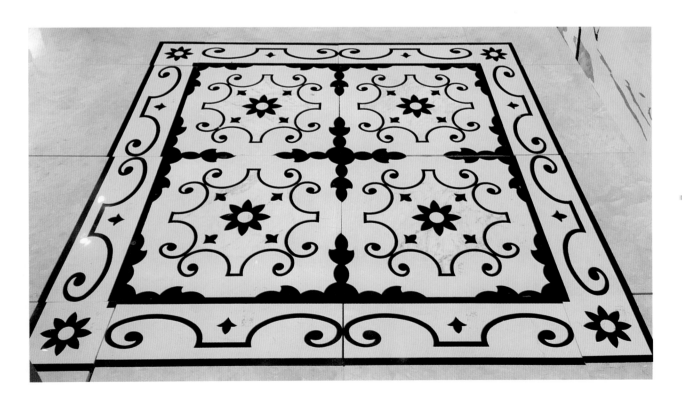

大型酒店、写字楼、会所、豪宅等**厅堂地面装饰**

满堂式拼块装饰

过道几何拼块

奢华的地面拼画与连接的流动线一起构成空间的奢华与流动，吊顶边沿与框线相对。

大型酒店、写字楼、会所、豪宅等 **厅堂地面装饰**

满堂式拼块装饰

菱形的过渡地带

大型酒店、写字楼、会所、豪宅等**厅堂地面装饰**

冷调的底色与暖色的框色搭配组成拼花地面

满堂式拼块装饰

几何形拼板

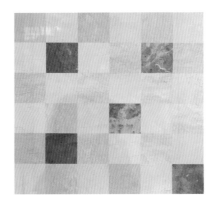

花点式拼花

几何色彩合理拼块，可以产生立体效果。

满堂式拼块装饰

抽象图案

浮云、流水纹样装饰。

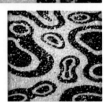

大型酒店、写字楼、会所、豪宅等 **厅堂地面装饰**

几何拼块

地毯式的拼画装饰

石材可以拼成古地毯的图样，把地面装饰得富丽堂皇。

大型酒店、写字楼、会所、豪宅等 厅堂地面装饰

马赛克、拼花艺术图案装饰

地毯式的拼画装饰

仿古典波斯地毯纹样拼花，地面装饰的绚丽多彩。

大型酒店、写字楼、会所、豪宅等**厅堂地面装饰**

中间大型方块地毯拼花铺装在金黄色大理石地板中，活泼生动（融信大卫城瑜伽厅）。

地毯式的拼画装饰

地毯图案一

大型酒店、写字楼、会所、豪宅等**厅堂地面装饰**

地毯图案二

创意拼画的装饰

创意的拼画

把板材当成画板，那些色块比较大的中国画、油画、漆画特别适合装饰于地面，使室内地面成为一幅画。

长方形或者正方形的地面都可以在四个角采用这样的方式装饰。

用缠枝纹点缀的地面铺设

图案式装饰策划，灰色地面上的镶嵌金黄色树枝，如同一幅画。

大型酒店、写字楼、会所、豪宅等**厅堂地面装饰**

创意拼画的装饰

亮金黄色的大理石把牡丹花瓣勾勒出来，点缀在的翡翠蓝之中，色彩突出鲜明！

创意拼画的装饰

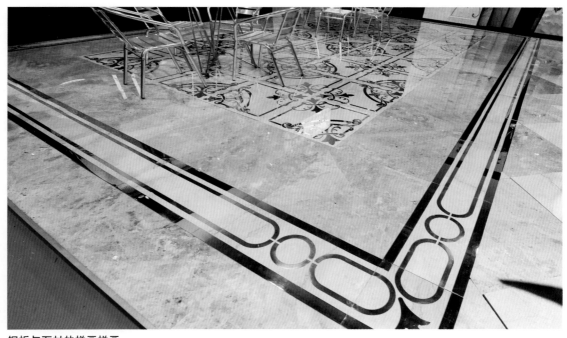

铜板与石材的拼画拼画

地毯式拼花地面

大型酒店、写字楼、会所、豪宅等**厅堂地面装饰**

创意拼画的装饰

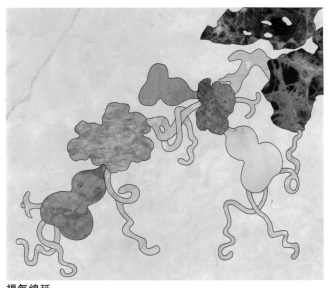

福气绵延

祥云纹

寥寥数笔，就是艺术。

地面用渐变色的藤树叶拼花，感觉很有艺术感，如同秋天的花叶，向厅堂延伸。

马赛克、拼花艺术图案装饰

创意拼画的装饰

大花纹的地面铺设效果

深色调拼花

大型酒店、写字楼、会所、豪宅等**厅堂地面装饰**

缠枝花

局部跳跃的点缀装饰

大型地面通过划分之后，那些二级空间，比如是宾馆中的休息空间、过道、展示空间，特别是长方形的地面，采用跳跃的连续点缀方式装饰能够给空间带来活泼及流动感。

采用相对向的几何块状的点缀装饰，把空间生动化。

局部跳跃的点缀装饰

大型过道铺设，"回"字排列递进。

厅堂边的部分地面采用方块跳跃的装饰，把边沿地面装饰得活泼。

大型酒店、写字楼、会所、豪宅等**厅堂地面装饰**

大理石装饰的大型豪华空间
局部跳跃的点缀装饰

地面增加"回"形图案装饰是为了能够更好地减少单一石种铺设平面单调的效果。

地面利用有闪电纹的印度雨林啡圆形规律跳动点缀，与无纹的莎安娜米黄色彩对比铺设，跳跃而有层次。

大型酒店、写字楼、会所、豪宅等**厅堂地面装饰**

几何块点缀的过道，中间圆形为深啡网，两侧采用浅啡网方块装饰，如图中A、B、C点。

这是一幅多种几何块组成的平面，采用四种石材品种装饰，中间圆形马赛克图案装饰把呆板的方形图案点缀得活泼了。

天然纹理的装饰

传统的地面装饰，主要考虑的是色彩装饰，随着切割板材机械的发展，1200mm×2400mm以上规格的大板能够得以生产，石材的纹理得到装饰应用，千变万化的纹理，通过合理的组织，使空间具有特色，所以纹理装饰也成为现代时尚的装饰元素。

国家大剧院地下一楼入口，贝壳花的大理石和玛瑙红大理石，强烈纹理和色彩的，一下子就进把人带到一种艺术的环境中，空间的富丽与变化与传统不同。

对比纹理

灰和白的大理石接近色调拼装，给人感觉很柔和宁静，而闪电的纹理又略显动感。

纹理丰富的深啡色大理石与浅白色浅纹理大理石的对比组合，形成浮华之美。

大型酒店、写字楼、会所、豪宅等**厅堂地面装饰**

交错纹理

洞石纹理的交错铺设，地面有错位美。

洞石纹理不同向的交错铺贴，带来平面不稳定感，也制造了特殊的空间效果，适合一些文化、休闲、餐饮空间的装饰。

大型酒店、写字楼、会所、豪宅等**厅堂地面装饰**

横纹交错铺设的伊朗红洞石

银白龙装条纹装饰的地面图案

大花白

采用黑金花的直纹与大花白的乱纹石材铺设成的地面，对比强烈、个性鲜明。

大型酒店、写字楼、会所、豪宅等**厅堂地面装饰**

交错纹理

大型酒店、写字楼、会所、豪宅等**厅堂地面装饰**

黄洞石条纹纹理交错铺设

地面中央装饰有天然纹理的板材，纹理如画，空间显得特别有味道。

顺纹

顺纹： 大理石本身有天然纹理，顺着纹路一个方向铺设方式。

纹理隐含在其中

平行顺纹的黄洞石铺设的地面

顺纹

地面中央装饰飘云般的纹理，起到很强的装饰。

错位铺设的流线形效果

条纹白铺设的地面

大型酒店、写字楼、会所、豪宅等**厅堂地面装饰**

古木纹应用案例，成为装饰的很好主题，山西大同云冈石窟接待厅。

交错菱形图案纹

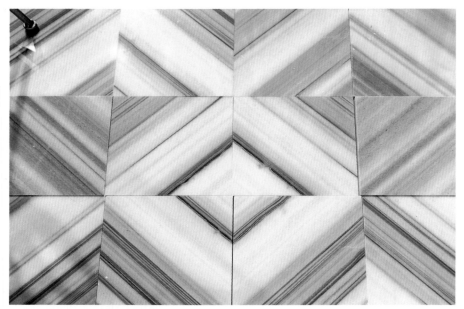

直纹交错铺设成方形的纹理效果

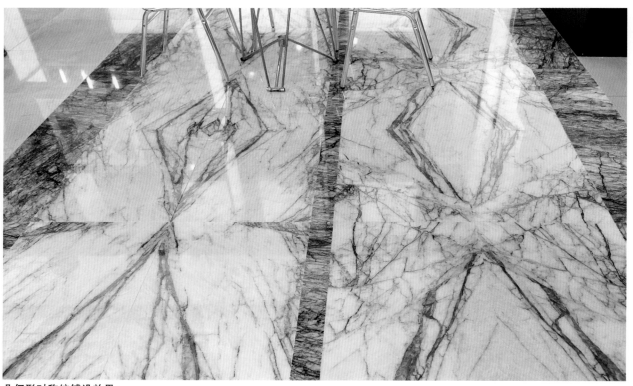

几何形对称纹铺设效果

大型酒店、写字楼、会所、豪宅等 **厅堂地面装饰**

交错菱形图案纹

大型酒店、写字楼、会所、豪宅等**厅堂地面装饰**

意大利的洞石拼的地面纹理画面

天然纹理的装饰

无定向接纹

无定向接纹：对根线纹的大理石适合应用的铺设方式。

环乱纹理的地面装饰

丝线的地面装饰

天然纹理的装饰

无定向接纹

石材纹理如冰裂状，铺设在地面上给人以梦幻和沧桑感！

纹理很丰富的雨林啡铺设方式

大型酒店、写字楼、会所、豪宅等**厅堂地面装饰**

天然纹理的装饰

无定向接纹

大型酒店、写字楼、会所、豪宅等**厅堂地面装饰**

大花点纹石材地面铺设，弥漫着斑驳的效果。

浪淘沙在北京国家大剧院的铺设，如同丝织的效果，变化不定。

花色纹理不一致，肌理发达的紫罗红铺设的大面积地面，漏进阳光把白色的纹理线照得如同云烟细线漂浮在艳丽的彩霞上。

红色丝织材料墙壁与油亮暗色的仿古地面形成质感、色彩对比，把空间处理得很有艺术感。

大型酒店、写字楼、会所、豪宅等**厅堂地面装饰**

乱花纹

乱花纹：对于那些似油画效果的板材特别适用。

油画纹的装饰地面，呈现自然的杰作。

金年花

黑金花

在讲究色彩对比的空间平面上，可以处理成这样有差距色泽的平面！

天然纹理的装饰

拼花与纹理结合

深棕色黑金花纹理石如画的意境，用亮金黄色的板条将茶棕色大理石勾勒成几何形图案，画中有画。

两种不同色泽纹理石材大花白和万寿红交错组合来装饰的地面，如浮云般的空间。

大型酒店、写字楼、会所、豪宅等**厅堂地面装饰**

几何规格板的装饰

对于大型空间来说，采用小块的石片进行装饰，首先需要对大的平面进行合理的区块划分，把大平面分成小平面。通过小平面采用合理的各种几何板块的拼接，把空间平面变得组织有序、生动无比。

地面采用多种的几何形状铺设组合的效果

正方形组合

元素：

地板中间大面积采用相近浅色调大理石交错铺设，边框线采用中色调咖网纹装饰，产生稳定、温暖之美感。

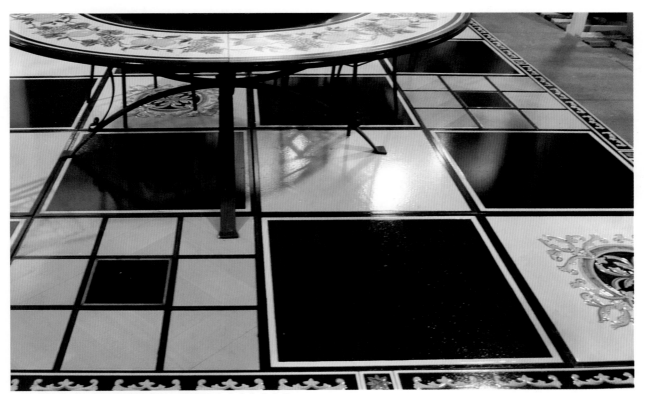

黑色石材表面上彩，通过不同的几何拼块，产生古典之美。

大型酒店、写字楼、会所、豪宅等**厅堂地面装饰**

几何规格板的装饰

长方形组合

大型酒店、写字楼、会所、豪宅等 **厅堂地面装饰**

元素：

长方形交错铺设效果，两色相近，产生活泼之感。

斜向铺设

长方形组合

100mm×200mm与150mm×300mm规格砖形一起组合装饰效果

仿木地板100mm×1200mm规格平行的斜铺板条方式效果

大型酒店、写字楼、会所、豪宅等 **厅堂地面装饰**

菱形组合

元素：

单色的黄色洞石，按菱形拼接，这些细块在视觉上不断组合成不同的几何图案，产生变化美感。

元素：

有一定差异的双色铺设，也是会产生波浪涌动之感。

菱形与正方形组合

元素：

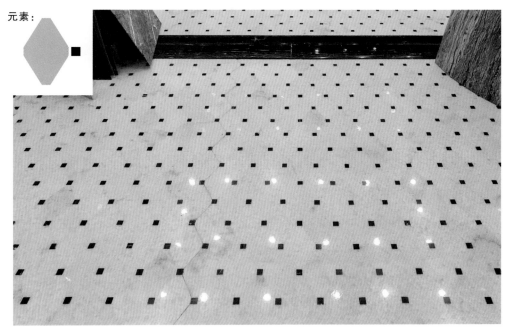

白色大理石菱形切角填黑色的小方块，空间的地面形成很活泼的装饰效果。

元素：

三种颜色石材按照几何片有规律的拼接，形成立体图案。

大型酒店、写字楼、会所、豪宅等 **厅堂地面装饰**

几何规格板的装饰

菱形与长方形组合

元素:

正方形和平行四边形的组合效果，具有波浪感。

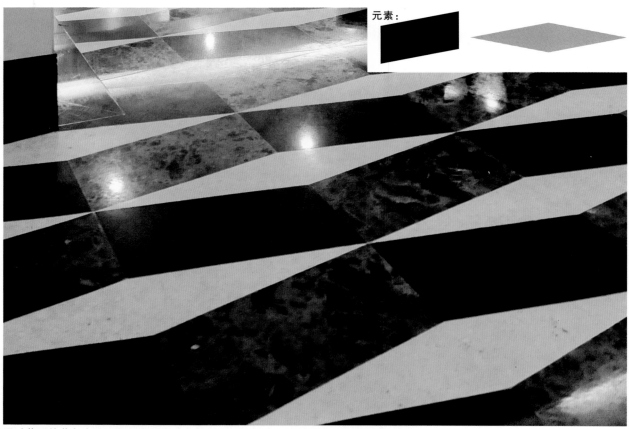

元素:

通过菱形的黄色大理石与长方形咖啡色的大理石的拼装，如同波浪一样起伏涌动。

大型酒店、写字楼、会所、豪宅等 **厅堂地面装饰**

六边形组合

六边形多色扩散的花状图案

中式古典六边形铺设，规整中又有变化。

大型酒店、写字楼、会所、豪宅等**厅堂地面装饰**

圆形（弧形）组合

白色圆形大理石与黑色星形间色组成流动的图案

不同表面处理与马赛克一起组成的拼花图案

大型圆圈环绕的多色板材拼花

几何规格板的装饰

人字形交叉拼板

仿木地板100mm×300mm人字形双色拼板

大型酒店、写字楼、会所、豪宅等**厅堂地面装饰**

仿木地板50mm×300mm人字形单色铺设效果

多种几何组合

几何图案花纹

黄、红、绿的三色组合，长方形与正方形错开大小变化的状况。

多种几何组合

长方形和正方形的组合

六边形和正方形的组合

大型酒店、写字楼、会所、豪宅等**厅堂地面装饰**

多边形及不规则组合

变化的地面

大型酒店、写字楼、会所、豪宅等 厅堂地面装饰

大型酒店地面采用多种多边形几何板铺设，地面装饰变化多样。

多边形及不规则组合

几何拼画的地板。可以通过几何切割来达到满足装饰的各项要素！

交错之处的拼图，这就是气场的设计，所有的行动或者到这个部位有个交界的地方，使人走到这里可以停顿一下！

表面处理的板材装饰

　　表面处理能够改变石板材的表面色泽、肌理及质感，通常大理石铺设在地面的表面处理采用：磨光、仿古、或亚光处理、或用水喷、仿古刷等方式处理，这些处理能够把石材的色泽变得多种多样。特别是仿古处理的方式，能够把大理石处理的色泽更暗、古朴，表面产生斑驳感；有些能够把石材的花点、肌理处理的很漂亮。

大型酒店、写字楼、会所、豪宅等 厅堂地面装饰

夜玫瑰的仿古处理，色泽浓郁，与枣红色绒布的墙壁构成浓郁的古典豪华之美。

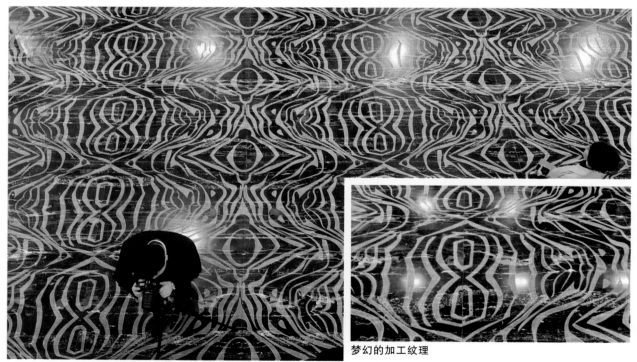

梦幻的加工纹理

狂乱变换的大理石表面处理，把地面装饰得很生动。

过道中的石材采用火烧之后，再用仿古刷处理上油，地板古朴油亮，在幽暗的灯光照射下，浓郁气息扑面而来。

仿古面处理

亚光面处理

通往歌剧院的通道变得宽敞，地面也是纯灰蓝色的太白青花岗岩装饰，中间主道采用表面仿古处理，大面积采用亚光处理（北京国家大剧院）。

大型酒店、写字楼、会所、豪宅等 厅堂地面装饰

大型酒店、写字楼、会所、豪宅等**厅堂地面装饰**

太白青仿古面

辉绿岩（花岗岩），火烧与干刷处理之后，表面仿古，光滑，具有很强的古朴感，与枣红色的色彩形成很古典的空间。

夜玫瑰火烧仿古面

空间采用夜玫瑰花岗岩仿古表面处理，石材的花色立体感突出，如同金丝一般装饰地面。

浅啡网

深啡网

金花米黄

色条装饰，渐变色的应用起到提示的作用。

浅啡网

深啡网

金花米黄

色条改变了指示性的装饰，平面的色彩能够起到节奏的感觉。

大型酒店、写字楼、会所、豪宅等 **厅堂地面装饰**

大型商业空间的地面装饰

拐弯转向的颜色变化，白色为巴厝白（G603），深色为福鼎黑（G618）。

在楼梯口的通道，色块起到提示的作用；门口为黑色的墨玉，大面积为黄色的金碧辉煌大理石。

大型酒店、写字楼、会所、豪宅等**厅堂地面装饰**

中式纹样拼花

边框装饰

  边框是室内装饰中地面铺设的重要组成之一，特别是针对那些空间平面比较大的酒店，采用适当的边框能够做到空间装饰的完整性。

花线

花线在地面中勾勒出平面的各种图案

大型酒店、写字楼、会所、豪宅等厅堂地面装饰

大理石装饰的大型豪华空间

边框装饰

中式纹样拼花

把地面当花绣，大纹样的装饰把浅啡网的网纹理扩张。

通过四个色阶的装饰，地面色彩丰富。

回纹

土耳其玫瑰（红根纹）

"回"纹古典线板

中式纹样拼花

回纹的框边

拼花的线边改变色晕变化的总体，把本来不和谐的颜色变得更加地协调。

中式纹样拼花

钢条及花线镶嵌

丰富各种板条及绳纹线装饰

纯色铜条拼的线边

多种色彩变化和几何线条组成的线边

铜花纹装饰的线边

大型酒店、写字楼、会所、豪宅等 **厅堂地面装饰**

中式纹样拼花

纹线大理石之中装饰马赛克的线板，整个地面和谐。

紫罗红与米黄拼接的回形纹

喷砂的回纹框线

边框装饰

板材色块

板材的质地、色彩、纹理差异，通过合理的几何组织就可以美化平面。

玻璃质翡翠蓝和金黄色的大理石色彩对比强烈

变化的地面拼花采用稳定的黑色线板收边

多种色彩的板线

两个过渡空间用多色板线装饰

边线处理，灰与黑的大理石的拱边起到强调的作用。

板材色块

地面装饰除了像地毯一样丰富和奢华，还可以采用不同区域的分块处理。

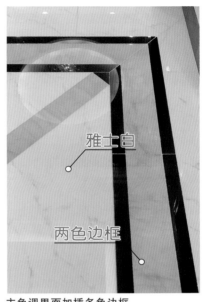

雅士白

两色边框

主色调里面加插多色边框

划线主要在梁之间或者上下的呼应之下

两色边框

四色边框

顶头跳跃的几何形拼条，增强地面的活泼感；边框通过多色彩而生动。

大型酒店、写字楼、会所、豪宅等 **厅堂地面装饰**

板材色块

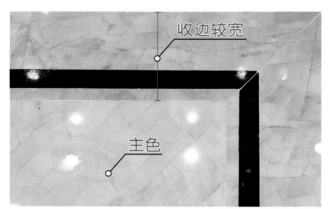

收边较宽

主色

收边外边较宽的铺地，可以利用插色法处理。

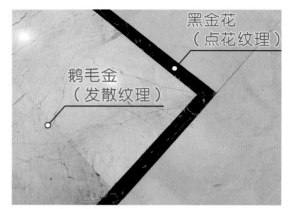

黑金花（点花纹理）

鹅毛金（发散纹理）

框线的色差与纹理差异形成装饰对比

大型酒店、写字楼、会所、豪宅等 **厅堂地面装饰**

G654（灰蓝色）

G603（白色）

规矩的平面中利用一些线条来变化，把单调的平面变得更加有新意；同时色线的差异产生平面装饰的活泼。

金蜘蛛（浅色调）

黑金花（深色调）

帝王金（中色调）

门槛位

两个空间之间的门坎采用深色的黑金花石材交接过渡

板材色块

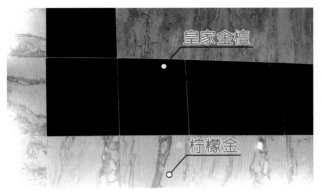

皇家金檀

柠檬金

地面装饰颜色从中间到外边的变化，利用黑色的板条过渡。

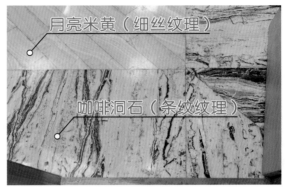

月亮米黄（细丝纹理）

咖啡洞石（条纹纹理）

粗纹理的框边

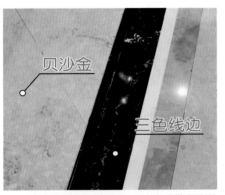

贝沙金

三色线边

对于很纯颜色的地面，过渡地带多彩的颜色能够把色彩加以强调。

黑金花（深色）

白水晶

采用对比色进行细块色彩对比

大型酒店、写字楼、会所、豪宅等厅堂地面装饰

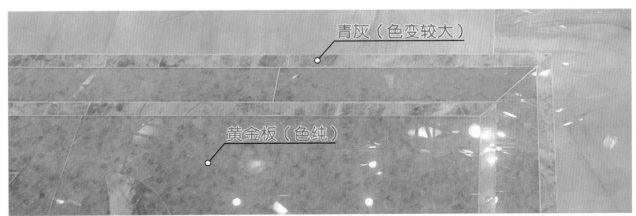

青灰（色变较大）

黄金板（色纯）

深柠檬黄的色调地面与浅灰黄色的线条，改变色彩单一感。

边框装饰

欧式纹样拼花

点缀、美化平面，增加平面活泼感。

缠枝莲花纹边框

几何纹边框

大型酒店、写字楼、会所、豪宅等 **厅堂地面装饰**

缠枝纹边框板条

简化的缠枝纹边框

马赛克装饰

拉长的缠枝纹马赛克边框板条

地面交接块状板岩马赛克线条接头，具有很强的几何感，体现古典装饰风格。

马赛克装饰

回形马赛克与多种板条组成边框

几何天然板岩马赛克的线边

过渡与边线采用马赛克线板

天然板岩马赛克框边

大型酒店、写字楼、会所、豪宅等 厅堂地面装饰

拐角装饰

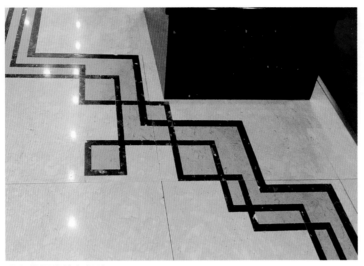

边角的折线抽象绳纹

吉祥结拐角线装饰

柱的周边有大量几何线，把空间立面和平面很好地连接；靠墙壁颜色较深，起到框图的效果。

拐角装饰

拐角多折，顺着墙边而变化棕红色单色装饰。

地毯繁花边框

通过多条线板对地面线纹的装饰，差异色与拼花多种方法一起使用。

拐角装饰

非直角的多向交角发散延伸，地面分成三个不同区域。

中间是圆形拼花的，边框采用直角和角的交角填花。

大型酒店、写字楼、会所、豪宅等**厅堂地面装饰**

拐角装饰

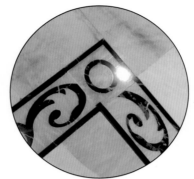

框边拐角

黑金花与金色的透明大理石组合成亮丽的地板条

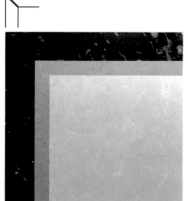

直角交边

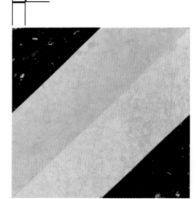

顶头拼条

顶头方块

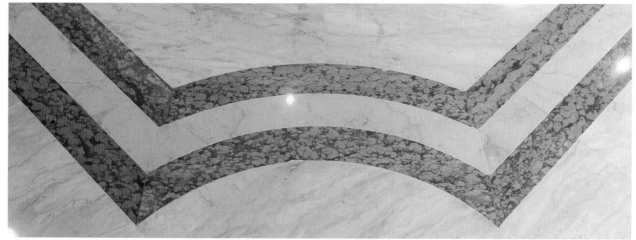

波浪状、内凹式的拐角，万寿红与米黄的配合。

大型酒店、写字楼、会所、豪宅等厅堂地面装饰

花岗岩装饰的大型空间

　　花岗岩是矿物结晶的岩石，所以，磨光之后具有镜面的光泽，特别具有冷峻的色调。所以，虽然在酒店、家具、豪宅之中也同样会得到装饰应用，但是，我们从另外一个层面来解读花岗岩在工程中实际应用的优势。

　　从装饰的原理来说，花岗岩具有很好的耐磨性、耐用性，保养需求少，因此在人流很多的大型空间，比如汽车站候车室、地铁候车站、机场等地方，一般经常采用花岗岩板材装饰，并且大部分是采用直线铺设，比较简洁。

　　同时，由于花岗岩的硬度较大，地面拼花基本少用，一般采用几何线的装饰。

顶棚的流动灯光和地面变化的装饰线变幻流动，相互辉映，流畅生动。

机场、车站候车厅，地铁站等公共建筑空间

北京机场3号楼廊道地面的铺设，采用横竖交错的棋格分割来铺设，简洁、大气！

北京机场候机厅，在大跨度的空间里，地面采用900mm×900mm大块的红色石材铺设。大面积采用大规格，并用横线分割的设计铺设，条块明朗，有一定节奏感！

图为候机楼大厅装饰效果

采用福建G603和G654石材品种装饰

机场、车站候车厅，地铁站等**公共建筑空间**

福州机场采用福建G603和G654石材品种装饰，浅白色和浅灰色搭配，使空间显得洁净、条块感强，图为走廊装饰效果。

机场、车站候车厅，地铁站等**公共建筑空间**

平行的棕色板条把浅红色的花岗岩分割成均衡的块状

机场候机楼地面铺设的浅色花岗岩，间色采用黑色花岗岩，化整个大平面为棋格状。

机场、车站候车厅，地铁站等**公共建筑空间**

由于地面色彩的变化及高低层次产生的错落感，地面设计铺设达到变化的层次感（适合办公楼地板装饰）。

柱和地面装饰黄色花岗岩，天花板采用玻璃刻花，银行办公场所。

小型空间的装饰艺术

在酒店建筑空间中，除了大堂之外，过堂、过道、休息厅、酒吧、洗手间等都是相对小型的空间；家居中除了客厅、餐厅、厨房、卫生间、阳台等也是小型空间。这些相对较小空间，有一些特别的装饰方法。

由于空间比较小，采用规格小的板材铺设，即参考古典瓷砖的分割方式，同样能够把地面铺设得很精美。此外，这些铺设方式也可以利用在一些墙面壁画装饰上。

对于大型空间而言，可以采用对空间功能的区块分割，变成小面积的空间，再进行小块铺设，每个空间都会很有特色，否则，太大空间铺设一种小规格的板材就会感觉很呆板和平淡。

墙面和地面不同的铺法，带来美感！

厨房、洗手间、休闲空间等墙面装饰

长条形（长方形）

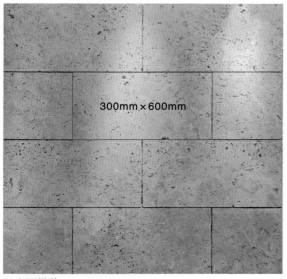

300mm×600mm

亚光面拼装

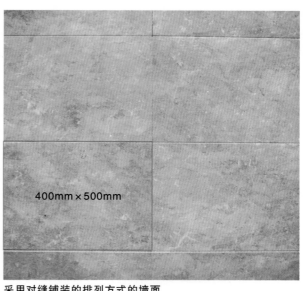

400mm×500mm

采用对缝铺装的排列方式的墙面

厨房、卫浴等空间的**装饰效果**

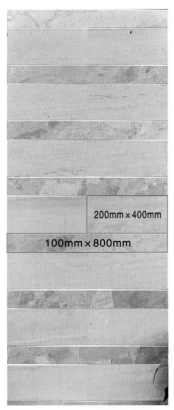

200mm×400mm

100mm×800mm

平行有规律大小变化的板条铺面

50mm×300mm

50mm×200mm

拼木地板形态

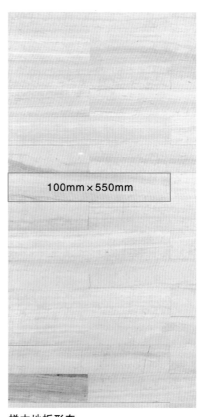

100mm×550mm

拼木地板形态

厨房、洗手间、休闲空间等墙面装饰

长条形（长方形）

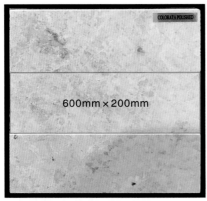

平行铺设

错开对缝

错开组成的板块

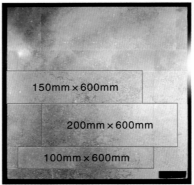

三种规格大小变化的横线板层次拼装

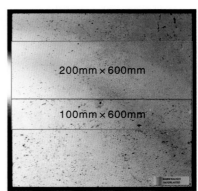

两种横条和细条的结合

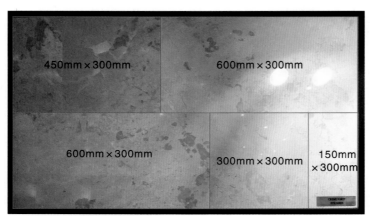

错层铺设法在墙面和地面均可用

随意宽度的板交错的拼块

厨房、洗手间、休闲空间等墙面装饰

正方形

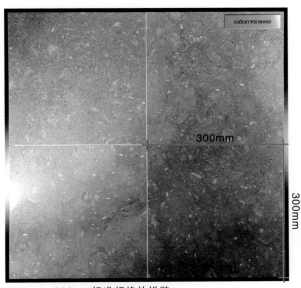

300mm×300mm标准规格的拼装。

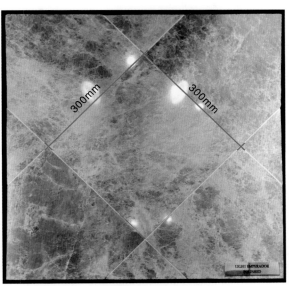

300mm×300mm交错拼块。

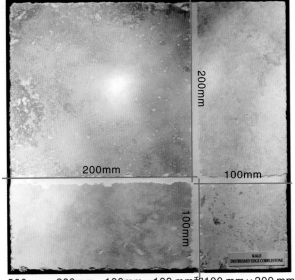

200mm×200mm，100mm×100 mm和100 mm×200 mm
组成300 mm×300 mm的板块。

组合成100mm×100mm交错铺设。

正方形规格：　100mm　150mm　200mm　300mm　400mm　600mm

厨房、洗手间、休闲空间等墙面装饰

正方形

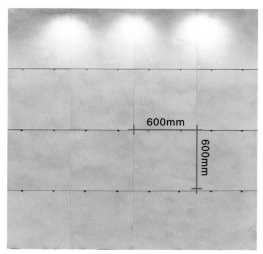

600mm×600mm规格，单一、规整的大理石墙。

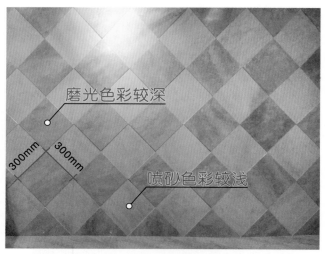

磨光色彩较深

喷砂色彩较浅

当色调中等的时候，表面处理产生色泽的对比。单色调的石材，可以采用不同的表面处理，来产生色彩差异的对比色块！

100mm×100mm

交错拼块，勾缝达3~5mm。

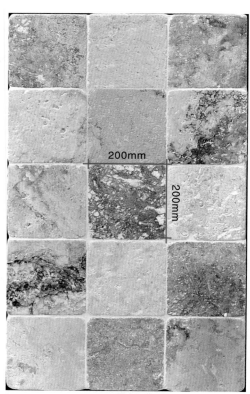

平行式拼块，毛边勾缝处理。

方形与长条形组合

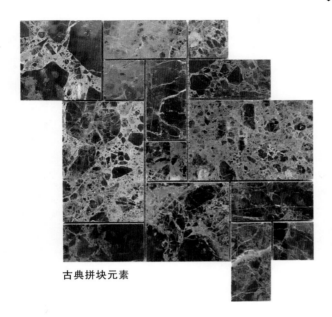

古典拼块元素

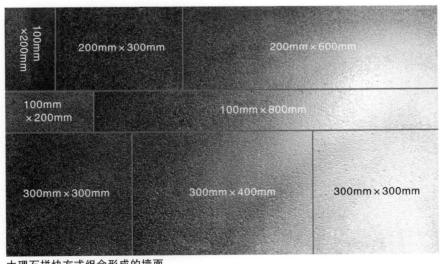

大理石拼块方式组合形成的墙面。

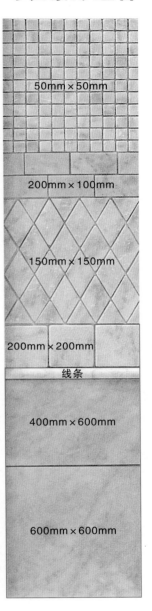

50mm×50mm

200mm×100mm

150mm×150mm

200mm×200mm

线条

400mm×600mm

600mm×600mm

厨房、卫浴等空间的**装饰效果**

方形与长条形组合

600mm×300mm及300mm×300mm，300mm×150mm
和150mm×150mm为主的拼块。

斜向铺面

600mm×300mm及300mm×300mm和150mm×150mm
为主的拼块。

400mm×400mm及200mm×200mm和
200mm×400mm的组合。

方形与长条形组合

250mm×200mm

650mm×100mm

错位铺贴

灰岩砖块砖条堆砌（一）

灰岩砖块砖条堆砌（二）

方形与长条形组合

下小上大的板材墙面

不平衡拼接的墙壁

中间板条线条分隔的墙面

表面粗糙处理到磨光变化的墙壁

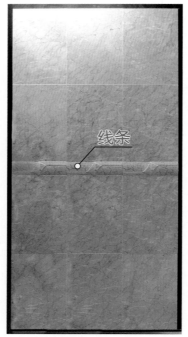

线条

线条装饰的墙壁

方形与长条形组合

墙裙式装饰的墙壁系列:

厨房、卫浴等空间的**装饰效果**

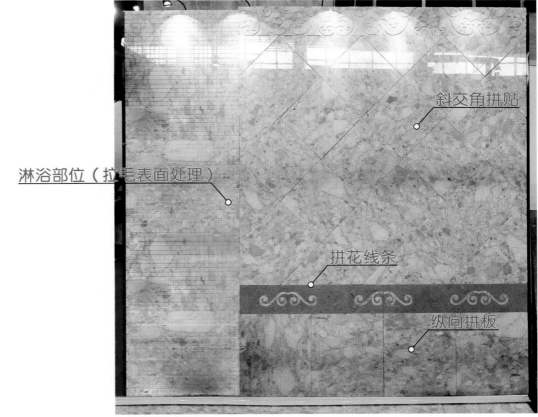

斜交角拼贴

淋浴部位（拉毛表面处理）

拼花线条

纵向拼板

多种拼板组合的墙面

长条形案例

卫浴中心的墙面板材装饰基本按照长方形拼贴，丝纹卫浴装饰面。

板块的拼接，会产生好的节理美，规格多样。

边框边处理板

古典式的铺设方式，边线和中间面积的划块处理，地面铺设是一个比较完整的铺设体系。

厨房、洗手间、休闲空间等墙面装饰

长条形案例

厨房、卫浴等空间的**装饰效果**

不同表面处理的板块错层墙壁

大板块与小板块的组合和凸面的组合

长条形案例

板条的铺设

板条的磨光铺设

厨房、洗手间、休闲空间等墙面装饰

正方形墙面案例

100mm×100mm加
上半圆线条。

砖片装饰的古典卫浴空间，墙面和洗浴处均用150mm×150mm的规格。

黑色方块插在黄色大理石中的墙面

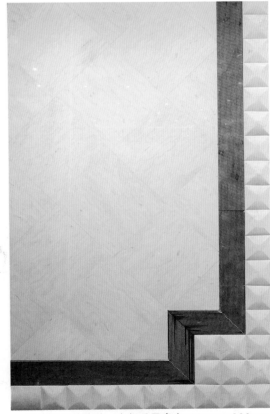

块度变化的墙壁，内部采用磨光300mm×300mm，
外面采用凸面100mm×100mm。

厨房、洗手间、休闲空间等墙面装饰

正方形墙面案例

厨房、卫浴等空间的**装饰效果**

厨房装饰案例

厨房是家居中必不可少的组成之一。而石材作为这个空间不可缺少的装饰材料，其艺术性地装饰，可以提高厨房空间的美感。

100mm×100mm

墙面分割线条

切菜台

灶台

台面线条

300mm×300mm

厨房整体采用古典砖块形及线条细块拼接的装饰

正方形墙面案例

马赛克

墙壁线条

马赛克线条

壁花

200mm×200mm交错贴法

腰线

300mm×300mm

拼花地板

马赛克线条

古典砖铺设的厨房装饰

厨房、卫浴等空间的**装饰效果**

不平衡的墙体　线条不是平直

　　线条不再平直，拐折变化，色彩块度的变化，产生不同的效果！

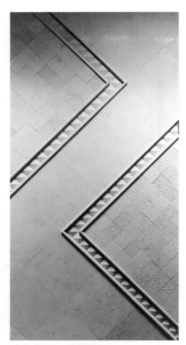

对角各插一片粗面石

上下色彩面积大小差异较大

歪倒的装饰

黑金花和米黄石材组合

英文变体

厨房、洗手间、休闲空间等墙面装饰

不平衡的墙体

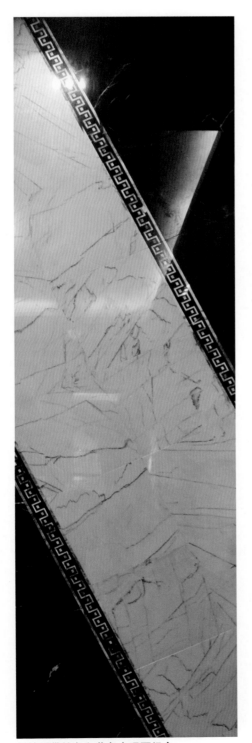

斜披绶带棕色和黄色大理石组合

300mm×600mm斜线穿插，50mm×50mm小块穿插。

黑色和黄色大理石组合

透光壁

螺钿拼花

镂空透光时尚的墙壁，还有墙面凹凸变化的感觉，产生错落质感，地面螺钿拼画，艺术感强。

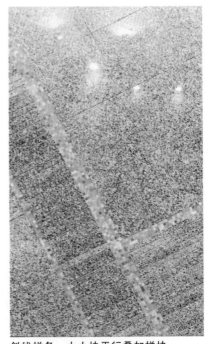

斜线拼条，大小块平行叠加拼块。

多种几何形墙面

正方形与长方形

正方形与六边形

六边形与长方形

正方形与三角形

正方形与六边形

正方形、三角形、六边形

厨房、卫浴等空间的**装饰效果**

各式各样的马赛克及线条——马赛克组合

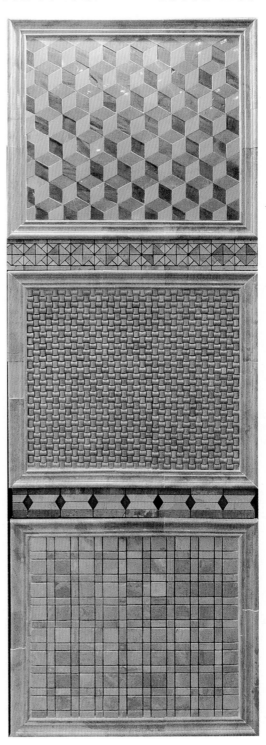

厨房、卫浴等空间的**装饰效果**

厨房、洗手间、休闲空间等墙面装饰

马赛克组合——各式各样的马赛克及线条

厨房、卫浴等空间的**装饰效果**

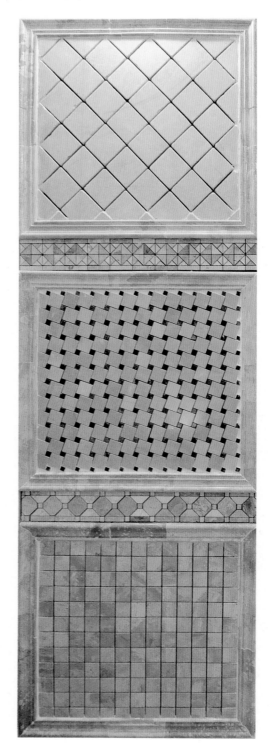

厨房、洗手间、休闲空间等墙面装饰

各式各样的马赛克及线条——马赛克组合

厨房、卫浴等空间的**装饰效果**

古典砖形与马赛克组合

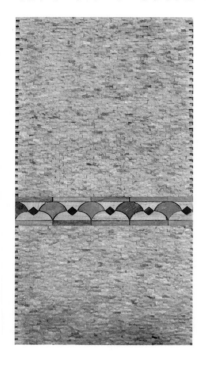

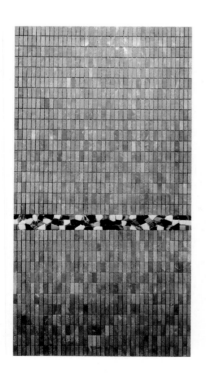

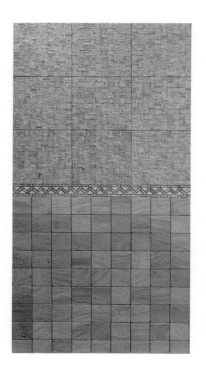

厨房、洗手间、休闲空间等墙面装饰

古典砖形与马赛克组合

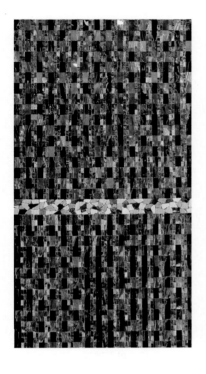

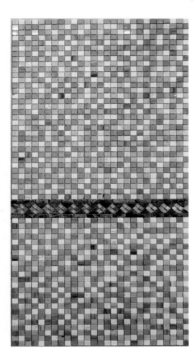

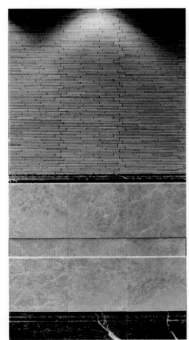

横条马赛克与300cmX300cm板
及中间的线板组合成的墙面

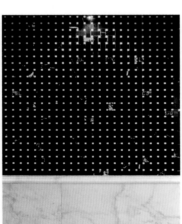

上为花点马赛克，下为交错白色墙壁。

下为狂变纹理的大理石，上为小
方形马赛克。

古典砖形与马赛克组合

厨房、卫浴等空间的**装饰效果**

马赛克和300cmX300cm板及中间的线板组合成的墙面

上为交错的马赛克，下位小板块横向拼板。

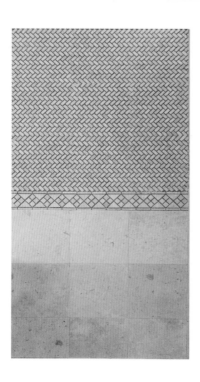

厨房、洗手间、休闲空间等墙面装饰

古典砖形与马赛克组合

古典的拼块墙壁和马赛克地面

方块拼片卫浴

墙面席纹马赛克和砖条，地面交错条形板。

竖条的墙面与方块板面

厨房、卫浴等空间的**装饰效果**

厨房、洗手间、休闲空间等墙面装饰

古典砖形与马赛克组合

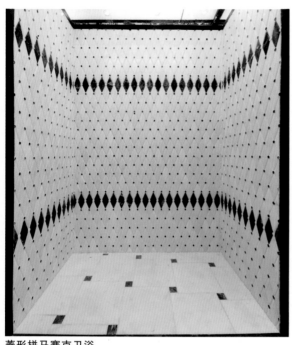

菱形拼马赛克卫浴

菱形拼马赛克卫浴

大小六边形和线条装饰的墙面和地面

砖条和方块组成的墙面

橱柜的台面用材

　　由于石材具有抗腐蚀性、硬度好，色彩和纹理变化丰富多样。因此，石材成为厨房中受欢迎使用的材料。

烹饪台台面

料理台台面

调味及碗柜台面

古典式地面装饰

橱柜的台面用材

厨房、卫浴等空间的**装饰效果**

洗菜槽　　灶台

切菜台

置物台与台面组合

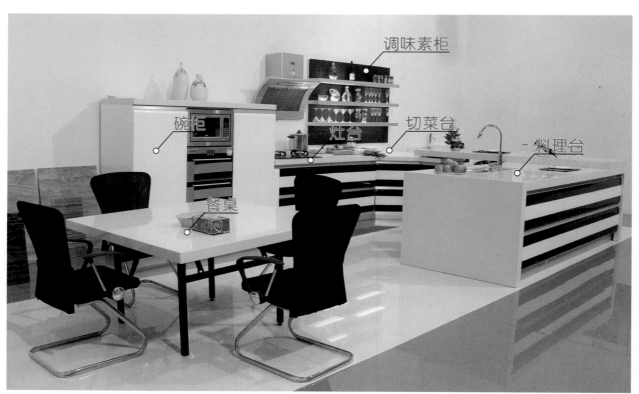

调味素柜

碗柜　　灶台　　切菜台　　料理台

餐桌

厨房整体配置

橱柜面板、后挡板、墙壁用石材装饰板，均采用花岗岩。

厨房、卫浴等空间的**装饰效果**

洗菜池

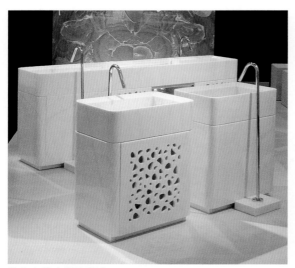

独立立柱方框洗菜台

多向多盒操作台与洗盒

大型料理台含操作台与洗菜槽

洗菜池

长条双洗盒洗池

长柜式洗池

抽屉式洗菜台

整体的洗菜盆

用厚大的石材加工成厨房工作台

整体挖盒洗池

厨房、卫浴等空间的**装饰效果**

厨房、卫浴等空间的**装饰效果**

排烟壁炉

吊柜

后挡板

台面

橱柜

厨房的排气设施的设计

内嵌式洗菜槽

花岗岩的花纹与金属的配套，质感很和谐，内镶式煤气灶。

内嵌式洗菜槽和电磁炉

多灶煤气灶内镶式

厨房、卫浴等空间的**装饰效果**

过道、走廊的地面装饰

　　过道作为不同建筑功能之间的连接通道，起到对建筑功能的补充作用。采用不同的装饰方式，特别是地面装饰出各种各样的花样，让人感到赏心悦目。

　　无论是酒店，还是家居，建筑空间不可能是一个简单的整体，都需要进一步按功能需求进行空间划分。因此，就存在着空间之间的连接，并由此产生了很多小空间。过道、走廊等过渡空间的地面装饰铺设，可以使人们在通过这些空间时候，产生心理的愉悦。

走廊过道纯色铺设，与主流空间地面颜色一致，空间格调统一。

地面大面积采用纯米黄色大理石铺设，加上长方框不同色花岗岩与吊顶装饰形态呼应。

过道、走廊的**地面装饰**

纯色的铺设方式

走廊的路道铺设，传统的框边处理，以显得比较规整。

古典过道地面，花线边与45°斜拼接铺设。

元素

有规律的图案重复，让空间产生节奏感。

拼花元素

纹理元素

根据通道不同对应部位的独立装饰，在地面缺口处加一点拼花就更生动。

过道、走廊的**地面装饰**

元素

走廊通道比较细长，地面花线条的装饰起到轻描淡写的点缀及装饰效果！

过道、走廊的**地面装饰**

元素

　　入户、转角、走廊等空间，这些作为建筑主要空间之间的连接部位，起到对建筑功能的互相补充。这些空间狭长、短小，对地面的各种装饰展示不同的美感，改变空间的单调感。图为扩张和流动的线装饰。

大厅过道"吉祥结"的拼花装饰。

宾馆中房间过道的"灯笼形"拼花装饰效果。

过道、走廊的**地面装饰**

过道、走廊的**地面装饰**

方形交叉图样的过道长廊拼花

圆伞形图样的拼花过道

过道、走廊的**地面装饰**

地面按照画图画大理石马赛克拼花铺设

拼花、马赛克式装饰

过道、走廊的地面装饰

长方形错动的动感设计，产生狭窄空间内的流动感。

方形扩散状重复排列的图案增强狭长通道中的节奏感

过道、走廊的**地面装饰**

如秋叶落地花片铺地，黑色地面产生意境。

几何形拼花装饰

过道、走廊的**地面装饰**

金黄色拼花，如画走廊，创造秋意画景。

按重合的几何韵律铺设装饰

廊道采用弧形曲线来表现空间的扩张感

几何形拼花装饰

大堂通往其他小空间的廊道，使用分割线和色块处理。

走廊中拼花已经是整体平面规划之后进行的铺设

楼梯层的地面

过道、走廊的**地面装饰**

灵动的走廊。走廊由于是步行的地方，所以可以有一些变化，以体现非稳定的场所。

几何形拼花装饰

过道、走廊的**地面装饰**

廊道，可以把色做的花一点，或者说动感一点！

色彩变化，产生活泼之感，可通过线边的包围来表现。

过道的设计方式，几何拼接式。

花纹浓密与浅纹的对比

交错纹可以让空间产生迟缓感，产生美感！

方向性装饰

过道、走廊的**地面装饰**

递进叠拼

采用中色调箭头拼花铺设，具有方向感。

采用大弧形的接近色的装饰，改变通道单调的地面。

过道、走廊的**地面装饰**

过道、走廊的**地面装饰**

递进的感觉

大型地面铺设的插色

电梯间的装饰

　　电梯间的装饰格调与大堂基本类似。有的电梯间是独立的空间，有的电梯就在大堂边上，一般地面选材也和大堂差不多，由于空间比较小，通常按照过道形式装饰。

电梯廊道的装饰

过道式电梯间，黄色和红色的对错组合。

厅堂式纯色装饰的电梯间

中央拼花与顶灯呼应的装饰

电梯间的装饰

线条、线板的门套

拼贴门套

平板和线条装饰的门套

平板拼贴出折变的门套

电梯门框装饰

竖向拉毛的门套

多层板拼的门套

波浪线条电梯门

圆形线条电梯门

门口入口讲究一团和气的室内气氛，所以采用圆形或者方形的不同入口，希望采用"聚气"的图形。

大堂入口拼花

错位放射性铺设效果，入堂有光芒四射的寓意。

小型空间的装饰艺术

环形门口

小斜坡　　无障碍门口的处理

旋转门口的拼花

室内地面采用整体草纹拼花，以圆中心的"团花"装饰。

入口的团花拼图表示一团和气

拐折空间的室内地面处理

对着门口通道，对抗的图形设计，产生对话的感觉。

顺着建筑的空间形态，边框折变有形，色彩对比明显。

入口地面的铺设

室内色环的变化直接影响着空间色感，此案例为拐角空间地面处理显得独特。

金黄色的大理石和深棕色的大理石，通过斜角拼接，形成典雅、灵动的色彩气质，整个入口形成一体化的装饰效果。

入口地面的铺设

入口地面的铺设

指示性的商业空间入口

正对着大门的颜色分块，可以起到导引的作用，适合商业空间。

指示性的色块装饰设计，体现了现代设计的装饰艺术，平顺空间如同流水波浪的动感装饰设计。

特别提示

门口整条色块铺设

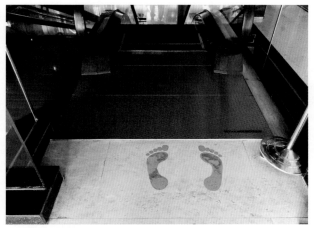

电梯口的入口标识

门槛石一般不中间开口，1/4或1/3之一处开口或者整条板铺设。

入口地面的铺设

拼花入口

过堂的地面铺设

　　在细小的空间里面，做一些张狂的拼花来改善空间的单调，增加空间的视觉冲击力——散发力图案！

与空间相配的平面内环状装饰，增加空间的凝聚力感——聚抱图案。

凹面酒柜或者艺术品摆设，也是墙体虚实设计的一种案例，这对于有多余空间面积是种不错的设计。

办公室空间，板材参与办公柜的装饰，形成一体化。

休闲空间的设计

卧室的装饰

卧室的石材装饰

　　卧室采用石材装饰相对比较少。石材具有一定的冷调感，铺设在地面上比较坚硬（相对于木材地板），但是石材在卧室中可以点缀式装饰，或者艺术处理的装饰，也是很美的。

传统墙裙古典装饰的壁画

居家卧室的设计：床铺背景墙、电视壁，室内摆设。

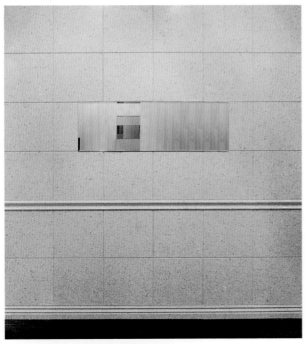

腰线和踢脚线采用线条装饰的墙面

墙裙和墙身采用板材装饰，腰线采用马赛克及线条。

卧室的装饰

檐下墙、腰身、踢脚线均装饰线条。

在墙身板材中间插入细的线条，形成墙面的立体感。

背景墙

　　家居室内的墙面中，背景墙只是面积小一点而已，成为局部装饰的主要因素，起到强调的作用。特别在电视柜、玄关、吧台后面等墙面，是很重要的装饰墙面。

　　家居室内电视背景墙、玄关、座椅背后等部位的壁画装饰，成为家居室内装饰很重要的装饰。装饰材料上，从板材、马赛克、板岩、砂岩等都可以利用！可以创造出独特的装饰格局。

水纹装饰的墙面

传统几何形墙面

平板状

背景墙

传统拼块

窗棂的方格

几何拼花

抽象的交错几何

错开立体几何

传统几何形墙面

平板状

对比色较强大理石拼接设计，底色是白色大理石。

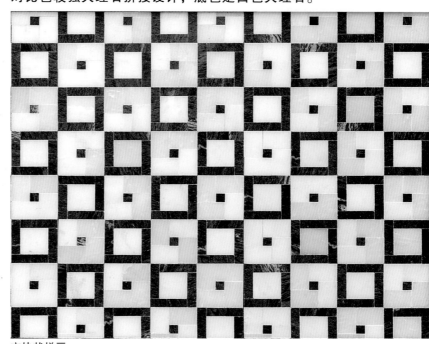

方块状拼画

六边形

回线形拼画

背景墙

平板状

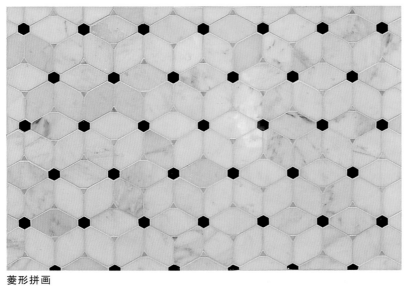

菱形拼画

菱形拼画

黑白块拼画

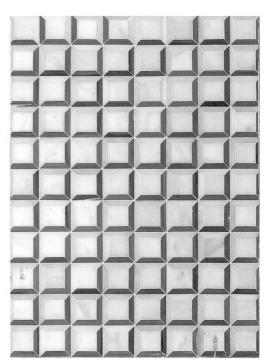

立体式拼画

凹凸状

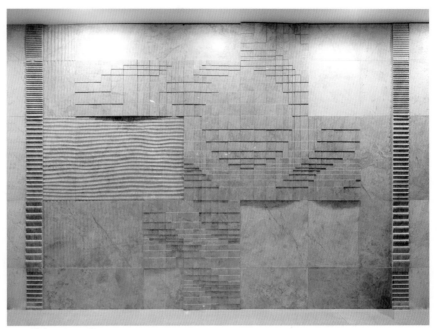

凹凸的表面加工墙面

板条拼图

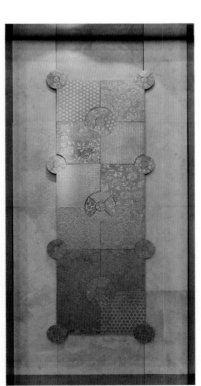

拼块壁画

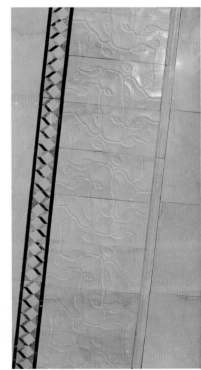

烛刻图案

传统几何形墙面

凹凸状

以字凸出的背景墙

凹凸板条拼贴

背景墙

弧形线条高于平板装饰

凸出与凹进的板块组合，增强墙面立体感。

凹凸状

几何纹样装饰的墙面

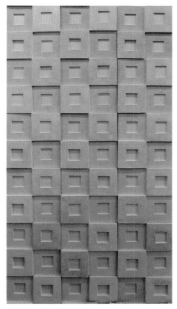

"回"字形凹凸面。

条形凹凸面

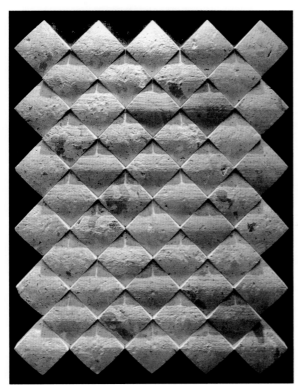

馒头面的方块，形成凹凸面感。

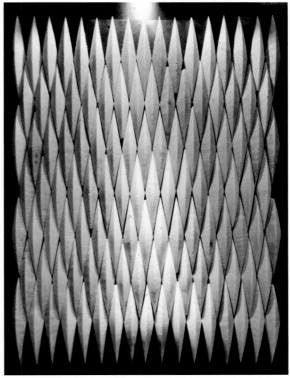

梭子状的菱形产生凹凸感

凹凸状

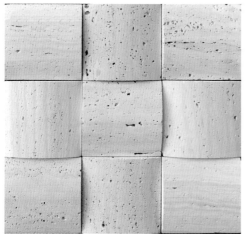

洞石馒头面具有立体与时尚感

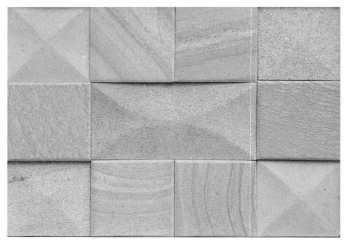

砂质多色彩的面具有质朴雅致之美

洞石质朴交错凹凸面

黑色和黄色拼成的大小回文变化的结合

以一种元素适当的排列，形成一个画面。

凹凸壁画

背景墙

背景墙

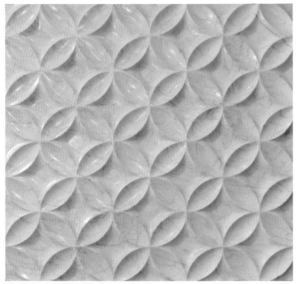

中式交叉花纹，具有灵动美感。

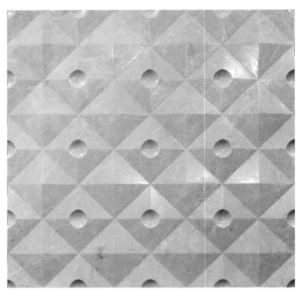

方块中采用塔尖与凹凸孔形成凹凸感

凸出花瓣形成的凹凸感

粗面与平板形成的凹凸感

背景墙

柔丝顺滑的肌理处理

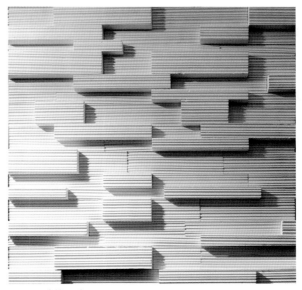

拉毛交错的组合面

塔尖状的马赛克形成的凹凸感

凹面菱形纹形成凹凸感

背景墙

馒头面的设计与加工

喷砂凹凸处理

凹凸波浪曲面加工

平板中加入齿轮板形成的凹凸面

平板中装饰相框形成凹凸面

起伏的波浪面形成的凹凸面

背景墙

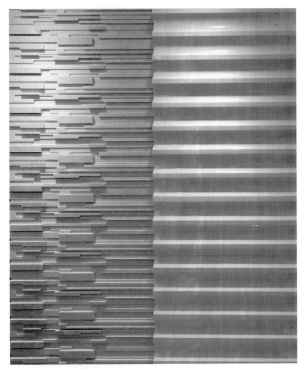

横条分割的背景墙

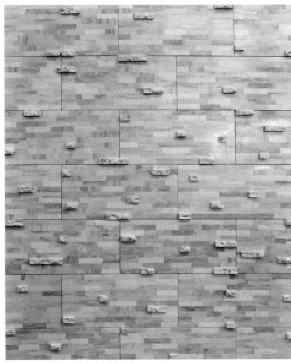

平板条中装饰的自然面形成凹凸面

表面凹凸的墙面

背景墙

古典拼块

古典拼块

光滑的条形和粗糙的表面形成凹凸的墙面

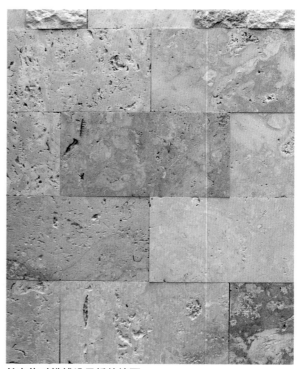

长方体对错铺设平板的墙面

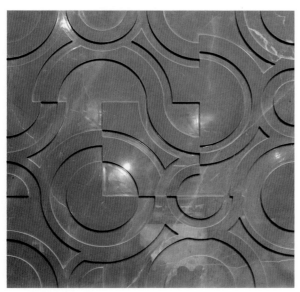

各种肌理壁画

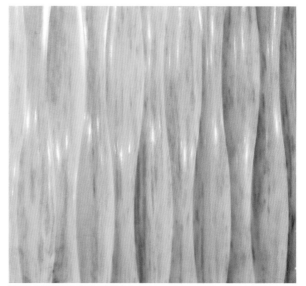

拉毛或顺滑肌理的凹凸面

方形凹凸的背景墙

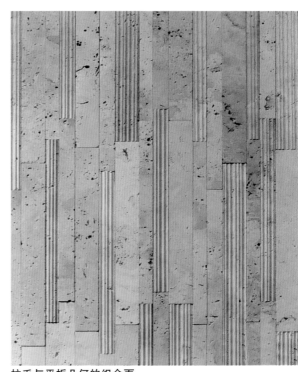

拉毛与平板几何的组合面

背景墙

室内特殊墙面装饰

表面凹凸的墙面

背景墙

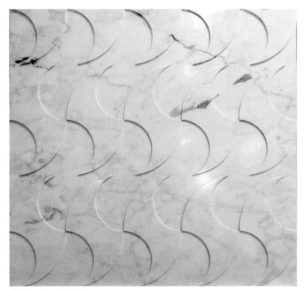

各种肌理的壁画

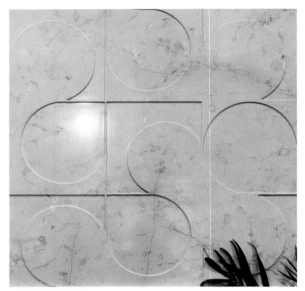

各种肌理的壁画

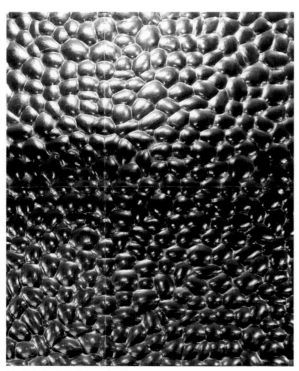

鼓球皮发泡形表面处理壁画

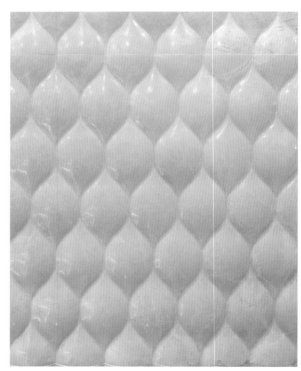

圆鼓苦瓜粒状的表面加工壁画

凸面几何形拼块

局部凸出花瓣的壁画

背景墙

馒头面的处理形成凸面

冰花纹浮雕的表面处理

表面凹凸的墙面

方块状凹面处理的拼块壁画

背景墙

三角形、方形组成的凹凸立体墙壁。

磨光

喷砂

背景墙

拼画及表面磨光和喷砂处理，用凹凸挂贴的墙面。

背景墙

古典壁画装饰

绳纹线条装饰的墙面和壁炉的组合，墙面很有流畅感。

砖片贴墙和壁炉组合的背景墙

自然面砖条石基壁炉

传统古典的壁画

中国画壁画

背景墙

中间斜交角铺设方向的变化之后的壁画

线条、板、中间画拼花的欧式古典式装饰。

柱壁、线条、板、中间画拼花的欧式古典式装饰。

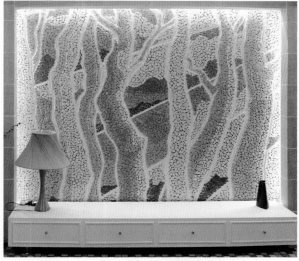

抽象风景画,利用碎石片拼接,显得很有意境。

马赛克壁画

背景墙

背景墙

凹凸板壁画

马赛克壁画

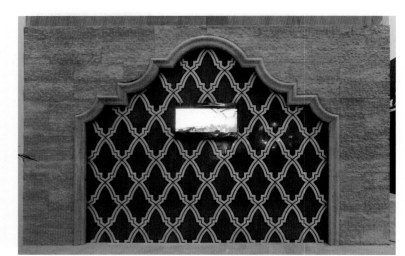

马赛克壁画

超豪华的拼画装饰

背景墙

室内特殊墙面装饰
拼画式墙面

背景墙

香港夜景风光的马赛克画

中国画拼花

抽象画意的拼花

用马赛克拼出的威尼斯风景画

威尼斯风景画之二

威尼斯风景画之三

抽象马赛克的图案装饰

拼画式墙面

南亚风情马赛克画

大理石拼装的石材版世界地图

汉白玉表面画

音乐符号图案装饰

拼画

背景墙

画意

抽象图案的壁画

电视背景墙

抽象图案的拼画背景墙

双层叠拼壁画

立体花卉雕刻壁画

背景墙

大理石双龙戏珠浮雕

龙

凹凸有致的古篆刻体

背景墙

松鹤延年

超大的几何拼块

条板拼出的杂花

背景墙

大面积以画装饰的墙面

拼画墙壁

背景墙

背景墙

抽象的拼画造型

色彩的条块拼板

室内特殊墙面装饰

背景墙——超级异型及纹样壁画

超异型的波浪壁画

长条的多彩波浪抽象寓意壁画

背景墙

时尚纹理装饰

时尚，夸张的墙壁装饰。

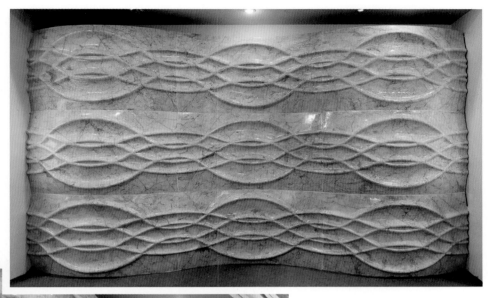

波浪凹凸的墙面

背景墙

室内特殊墙面装饰

超级异型及纹样壁画

波浪纹壁画及连体壁灯

特殊表面处理形成静谧的空间感

超大异型的水波纹壁画

背景墙

墙壁及灯光的装饰

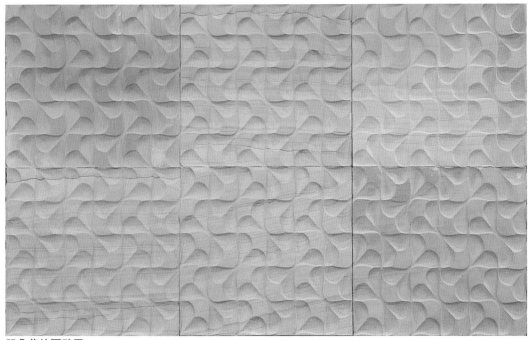

凹凸花纹面壁画

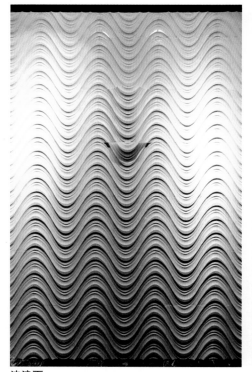

波浪面

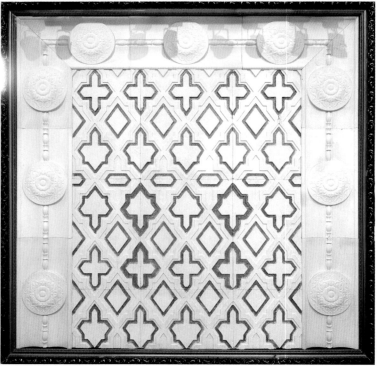

几何壁画

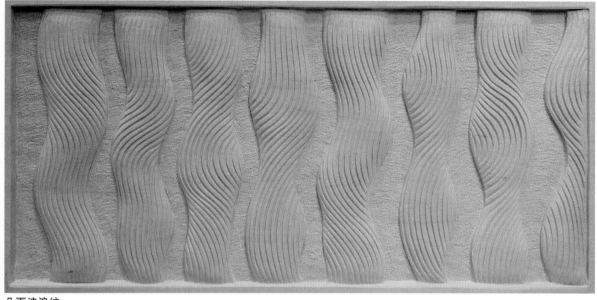

凸面波浪纹

卷浪纹纹样画框装饰的墙壁

回形几何花纹

背景墙

背景墙

龙纹镂空壁画

流线及椭圆形花纹雕刻背景墙

圆形花纹雕刻背景墙

组合穿插几何纹

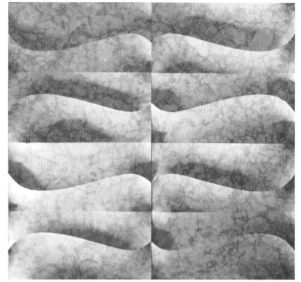

抽象纹样装饰

背景墙

波浪纹黑色花岗岩装饰的高档背景墙

背景墙

喷砂的古典铜器纹样

立体交织的编织条板

浅浮雕草纹

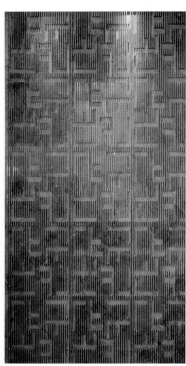

凹凸壁画

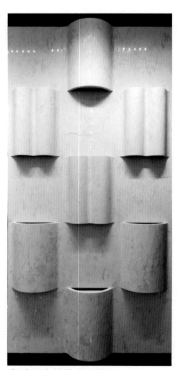

半弧形连材的异形面

云纹雕刻壁画

花藤纹

背景墙

背景墙

两片花岗岩板材拼出的纹理装饰壁画

自然石画

两片大理石板材拼出的自然纹理装饰壁画

背景墙

背景墙

平行纹的装饰

背景墙

平行纹的放射设计

背景墙

粗线纹的连体装饰

表面荔枝面处理的凹凸面

平行板岩拼装的粗糙面

不同材质肌理、表面质感装饰的背景墙，粗糙墙面效果。

板岩具有自然古朴色泽装饰的客厅氛围

室内特殊墙面装饰

材质肌理装饰

背景墙

板条马赛克与壁炉

粗糙自然面的火山岩

粗犷的质感石材壁画

粗犷的质感石材壁画

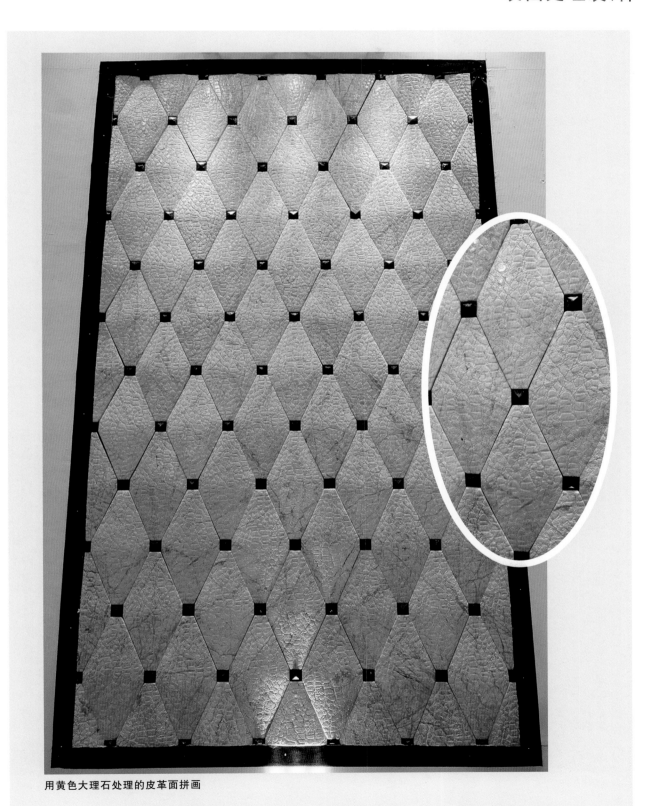

用黄色大理石处理的皮革面拼画

背景墙

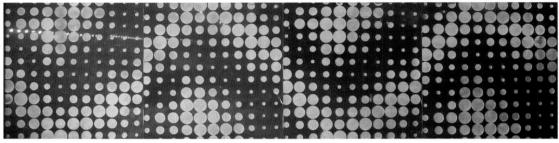

点状连续形成的图案

缠枝草纹连续图案

背景墙

浅灰色喷砂意境的装饰画

背景墙

　　地面拼花是平的，墙壁上的花枝和花朵都是立体的，这种空间地面与墙面连贯的立体画室内装饰，呈现出皇宫般的奢华。

背景墙

葡萄与酒桶

爬藤花

插花艺术

石头花爬山墙壁

简单的块状雕刻，点缀在墙壁上。

抽象人像

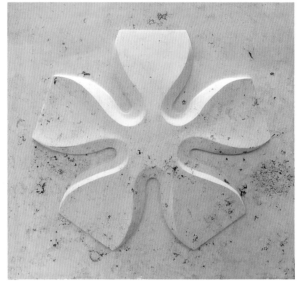

花瓣

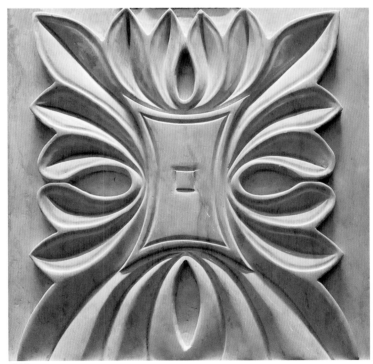

花瓣

室内辅助装饰

玄关、屏风

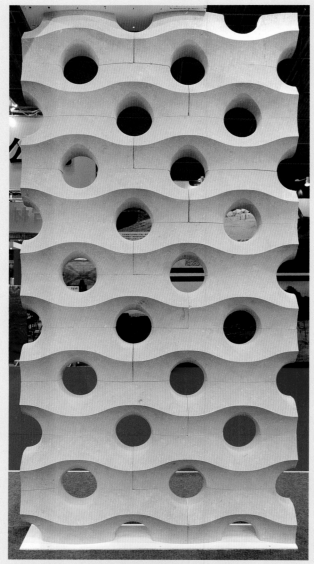

现代机械加工出很柔顺的几何图形组合成的屏风

旋转气流场效果的超大异型屏风

八方来财

隐含"八方来财"寓意的立体屏风

玄关、屏风

心有千千结，笑口天天开，"8"（发）意绵延。

仿欧式门屏风

大理石纹理拼装的屏风

玄关、屏风

玄关、屏风

纹理组成闭合图案的屏风

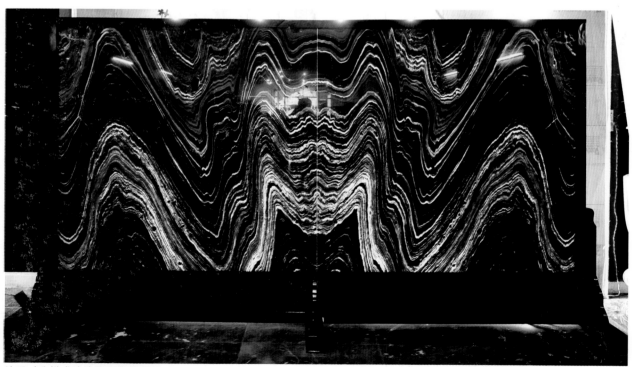

纹理对称拼成波浪线图案的屏风

圆环状玄关

以书法诗词屏条创意屏风

玄关、屏风

遮挡玄关，在一些重要空间边设一些辅助的场所，利用屏风，就可以起到遮挡及美化的作用。

玄关、屏风

石板中钻孔及小石棒，蜂窝状虚实对比。

镂空的屏风

影雕屏风

石板上的石花是天然的，飘雪般花点和创意的画——梅、兰、竹、菊是后刻的。

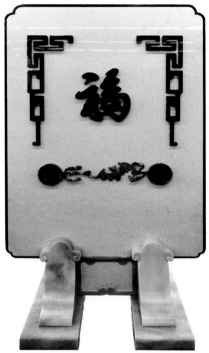

福

中式移动式插屏，大理石纹理成一幅天然水墨画。

垂帘式屏风

玄关、屏风

玄关、屏风

镂空缠枝屏风

镂空屏风

镂空雕景物

镂空缠枝纹装饰的屏风

室内装饰柱

柱

缠技纹样装饰的柱

柱

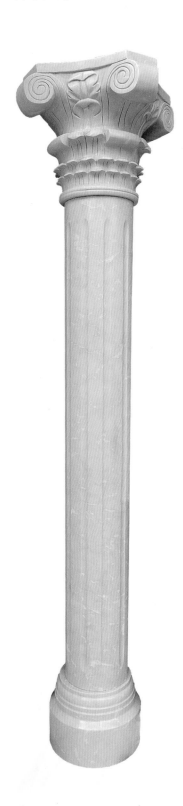

柱

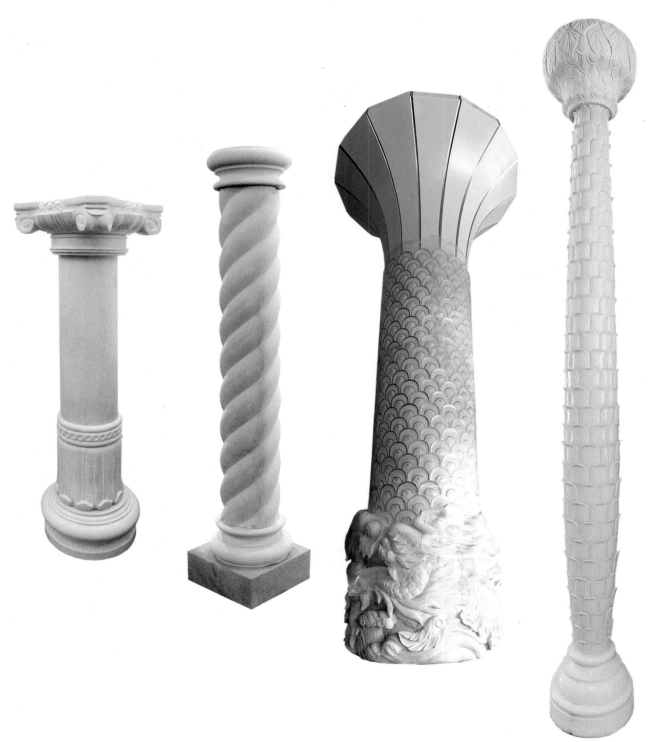

鼓形、菠萝皮柱。

室内装饰柱 现代装饰柱作为装饰性功能，在结构中影响不大的柱。

凹道壁龛内柱装饰

在壁龛边上的实心柱

柱

过道门柱

古典圆柱与方柱组合

四方柱

传统条板柱

空心拼接方柱

纹理装饰的柱

柱

表面处理和玻璃组合的柱

古典柱式的现代拼装

线条装饰成波纹的四方柱，柱体活泼灵动。

四方柱

柱

嵌玻璃的方柱，在室内装饰中常用。

多种工艺组合的雕刻柱

云纹装饰的柱

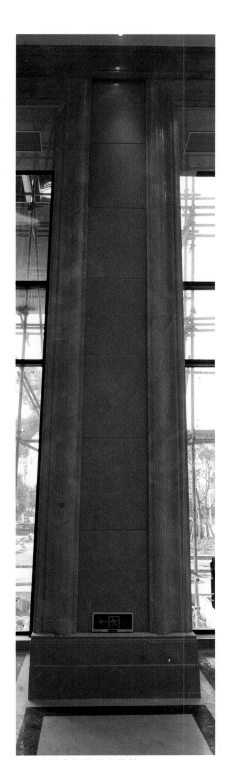

板材和线条组合的立体柱

雕刻装饰的拼接柱

标志性广告柱

圆柱

柱

仿古典柱式1

仿古典柱式2

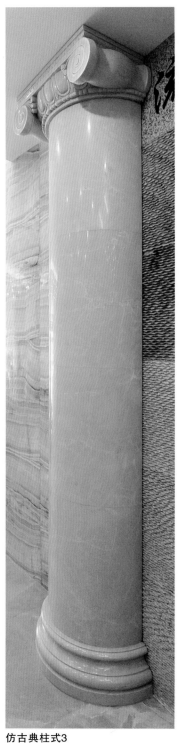

仿古典柱式3

圆柱

内凹柱

上下加方柱头装饰

柱

雕刻柱

圆柱几何纹
样雕刻装饰

几何纹样装饰

表面多种几何组合柱

凹槽方柱

圆柱云纹雕刻并描金

镂空雕花圆弧柱

柱

马赛克圆柱

装饰画镶嵌在柱中

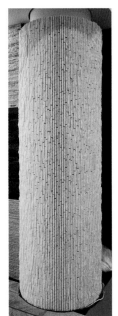

拼花柱

柱

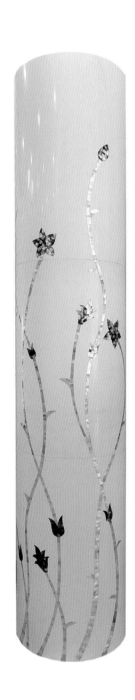

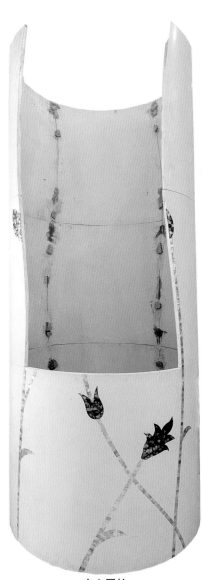

空心圆柱

表面刻花的柱

镶嵌

纹理装饰柱

黑金花线链状纹理与半宝石及螺钿镶嵌柱

咖啡色大理石，横纹理暗纹清晰。

银白龙大理石，花纹成平行条带状，有点浪漫之感！

柱

纹理装饰柱

飘雪花点

门套是幻彩纹
的花岗岩，感觉丰富。

网线纹柱

圆柱都是弧形往外凸，而这案例采用
反弧形装饰的豹花纹组合变体柱。

平行条纹三彩玉
的栏杆和柱

小小的细线，
能够把柱装点得
更加的漂亮、淡雅！

大花纹纹理，肌理丰富。

柱

纹理装饰柱

丝纹如同
画意的装饰柱。

斜纹条丝的
白线（金镶玉大
理石）纹理柱也
具很强的装饰性。

平行金色
花纹的成为柱
的装饰性花纹。

平行纹理
性很强的黑金
花做成的柱。

柱头和柱身颜色
对比，可以产生色彩
差异之美。

甲骨文纹理透光柱

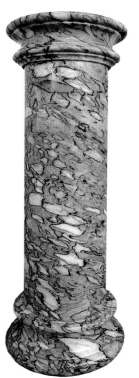

花斑点花纹柱

花线的柱

平行纹理磨出圆圈图案

花线纹理圆柱

柱

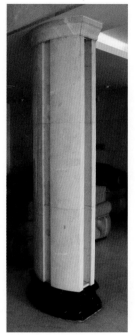

扁形柱

扁形凹槽柱

下小上大的柱

中间束腰柱

梯形柱的拼接

柱

柱

艺术品摆设展示座

马赛克贴面柱

喷砂制作的摆设柱

外深内浅的摆设柱

古典刻槽底座

古典雕刻柱

黑金花中镶玉的立柱

柱

镂空摆设柱

室内花架

螺旋柱

细腰圆柱

单色石材实心加
工而成的柱

花瓶式摆设柱

柱

拼接摆设

多种色彩拼装的摆设柱

罗马柱头

龙纹镂空柱

螺旋柱

倒锥体柱

花果型柱（实心）

花瓶柱

洞石摆设柱（内可储货）

古典欧式柱

花柱（摆设柱）

柱

古典欧式柱　　　　　锥体柱　　　　　锥体柱　　　色彩明快的摆设柱，蓝玉石。　　柱状摆设

室内设施

吧　台

　　吧台在现代酒店、办公接待、银行柜台等广泛被使用。吧台的组成要素：台面板和台前板的装饰，采用整块的石头加工或者雕刻。现在，大部分采用板材和线条或者异型石块来加工吧台，以代替古代柜台或者办公用品。

　　吧台采用石材装饰，一般有四大类方式：一、板材粘贴；二、板材与线条组合成古典吧台形式；三、多材质组合；四、纹理装饰等。

吧台

宝石面的吧台

板材拼接的吧台

吧台

吧台前板粘贴出凸面的厚板装饰，后为矩形的台面。

长条的同色板材，上下粘贴形成吧台。

前板采用竖向拉毛板装饰

粘边的台面板

吧
台

吧台台面采用花岗岩磨圆板材装饰，柜采用木质做。

茶色玻璃做台前板，大理石做台面板，时尚。

板材拼接的吧台

吧台

木雕和板材一起装饰的古典式酒店吧台

背景是玉石纹理拼花的空间装饰

古典式吧台和古典式背景墙

板材与线条组成的吧台面，以对称划分。

板材拼接的吧台

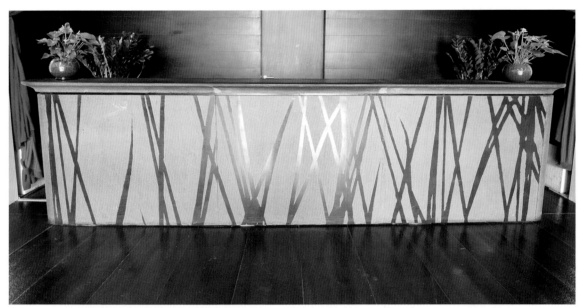

采用暗色花岗岩喷砂的图案肌理装饰的吧台前板

吧
台

大理石作为台面，吧台面为软包，背景墙为镜面式欧式墙。

折变的吧台

吧台前板面采用有一定纹理的大理石，台面采用木条装饰。

板材拼接的吧台

侧面的贴面装饰

吧台中黑白对比，感觉比较锐利。

玻璃及大理石组合的吧台

吧台的前板用大板材粘贴，台面装饰成两层，增加层次感，总体感觉很稳重。

线条装饰台面的两边及台面的踢脚处，其余板材装饰。

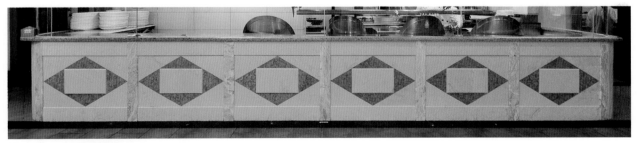

等分台面，平面线装饰。

吧

台

古典线条装饰的吧台

旋转纹柱及线条组成的吧台

等份划分面装以平状线条及馒头形马赛克装饰

线条装饰的吧台

欧式吧台

吧
台

古典线条装饰的吧台

吧台

古典线条、雕刻纹样的吧台。

采用突出的装饰

仿古吧台

简化线条的吧台

异型组成的吧台

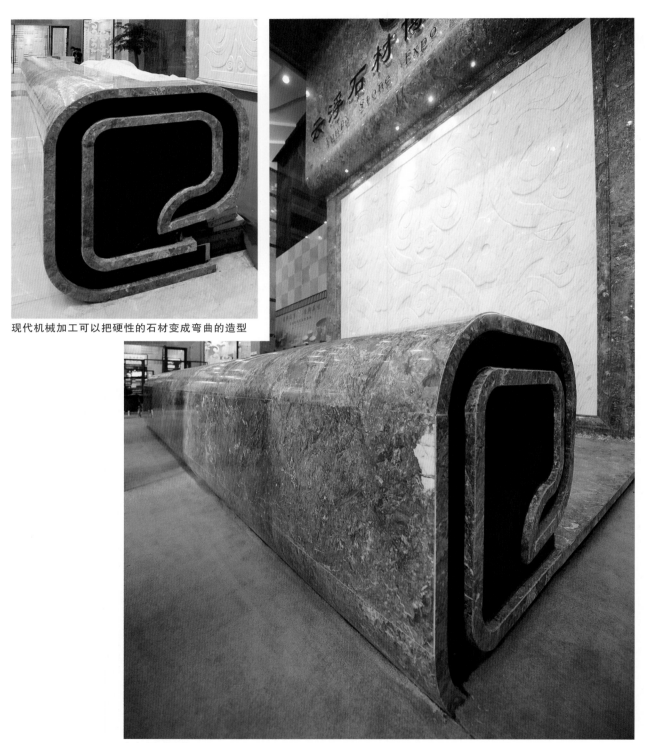

现代机械加工可以把硬性的石材变成弯曲的造型

超级异型吧台

板材的箱状拼贴，可以组合成很多造型的吧台。

台板面

空心脚

大桌子连体吧台

吧台

波浪，柔顺的台前板和面板组成立体感很强的吧台。

吧
台

石头磨光和加上压板

异型组成的吧台

石头块加上条形码的吧台

宝石面吧台

板材粘贴成长条箱状，错动之后形成变体吧台。

块状石的吧台

吧
台

异型组成的吧台

分节的吧台

大弧形面吧台

由时尚异型的弧形做成的弧线面吧台

片石吧台

面板是100mm×100mm两种石材插花拼贴。

滚磨的100mm×100mm方块石与磨光的台面板组成弧形的吧台。

几何拼块的吧台

块状的奇特设计，申缩变化的块状石吧台。吧台显得很立体。

吧　台

拼块的吧台

台前板采用透光材料装饰

转角的吧台

吧
台

栅栏状吧台

台状吧台

吧台

镂空雕简易吧台

欧式纹样做底座的小吧台

接待小吧台

简易吧台

两种石材差异色拼成的小吧台

表面略作加工，就可以拼成的小吧台。

纹理装饰的吧台

平行纹土耳其白吧台

放射状金黄色线条肌理吧台，很有画意之感。

石材肌理拼接，如同荡漾的水波，形成很有情调的吧台和壁画。

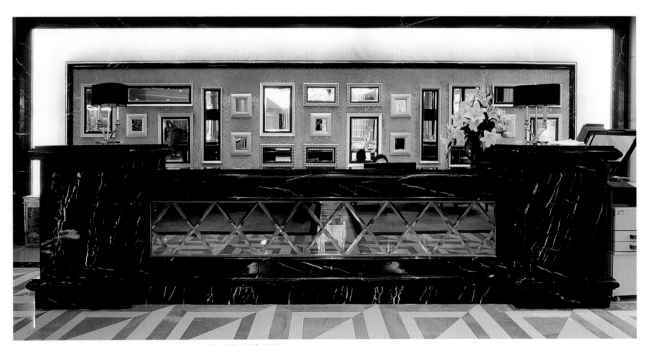

黑白根吧台，在金黄色的大理石地面上起到点缀的作用。

纹理装饰的吧台

吧台

飘丝纹的吧台，如同彩画。

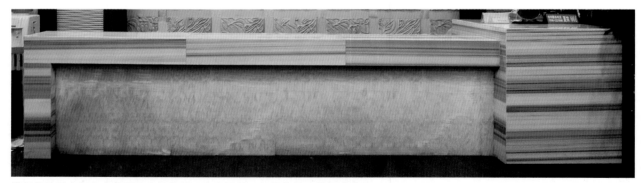

横条纹纹理在吧台中起到突出的作用，有点呆板，但是也是一种设计形式。

黑色的台面、前板用纹理很强的爵士白装饰，适用银行办公吧台。

丝线纹理板材拼出的吧台，细腻工整。

大花白板材拼出的箱状吧台

吧
台

吧台上部装饰雨林啡，下部用无纹理黑色大理石，纹理对比强烈。

雕刻纹样装饰的吧台

吧台前板采用水刀镂空雕刻，粘贴透光的大理石或玉石。吧台在夜晚灯光源的照射下，花朵及云朵很有立体感！

高浮雕的古典主题雕刻，把吧台装饰得很有文化意味。

吧
台

花岗岩自然纹理作为底板，表面粘贴雕刻的花，创意独特，这也是纹理与雕刻结合的好创意。

洞石的自然平行纹，如同天空中天马行空的流云，在右侧顺势雕刻的凹槽，并且描金，形成一幅晚霞意境图案的装饰案例。

雕刻纹样装饰的吧台

紫红色的玉石表面粘贴棕色花草，如同花开黄昏后，色彩具有很强创意。

吧台前七块前板均采用有雕刻的板面，主题不是很明显，但是具有装饰美。

吧台

水草、鱼的板面拼花装饰。

亚热带植物根线的雕刻，盘根错节，产生很强的装饰美、时尚美。

吧台

雕刻纹样装饰的吧台

巴洛克风格装饰的吧台

传统缠枝纹的草纹雕刻装饰，且有装饰性的美感。

吧

台

石板材能够粘贴、拼花及与钢铁等结合使用，生产出具有特别质感的各类户外、室内休闲家具。由于石材的防火性，故在酒吧、餐桌、茶座等得到青睐！

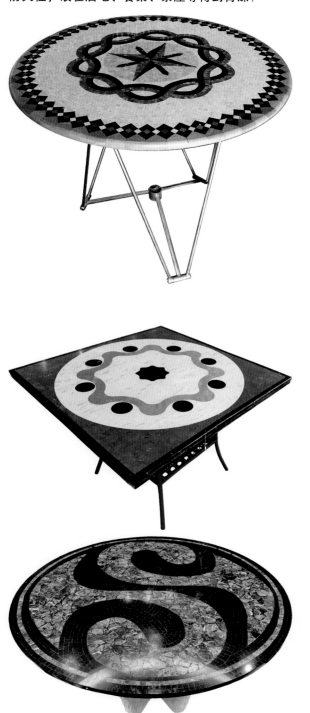

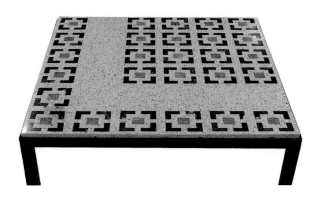

套座

家具

茶几

洞石具有一定的纹理，特别是具有生物的油脂质感，做成家具质地温馨，所以，家具中多利用这个特性。

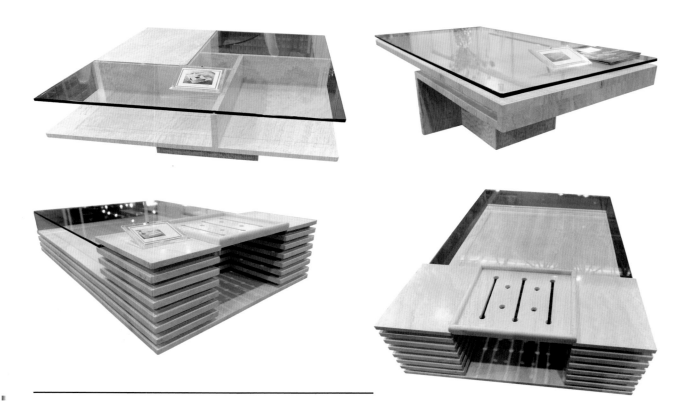

简约的黄色洞石家具，简洁大方。

玉茶盘。中国人爱喝茶，各式各样的不同的材质的茶盘造型。

家　具

家居或酒店接待用茶几

家具

创意家居桌椅

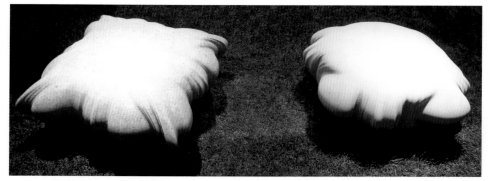

抱枕式的创意椅

超薄板拼贴成的座椅

马赛克贴面简易休闲围坐（适合商务洽谈、休闲）

创意石凳、枕头式座椅。

仿皮革面软包的小凳

创意蝴蝶形花盆座椅

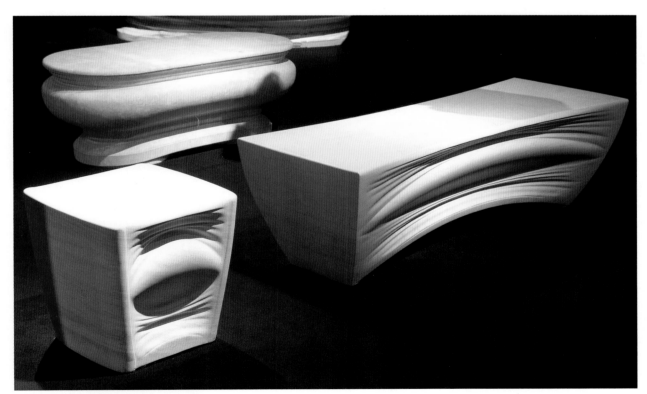

创意椅——大理石实心"笑脸"形座椅。

创意休闲桌椅

门洞状座椅

简约"门"形座椅。

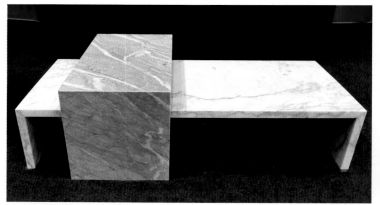

活动的桌面茶几

儿童座椅

超薄板复合组成的座椅

英文字母形小凳

欧式桌子

万寿红休闲桌椅

家
具

家

具

花架。水头精品中心，石度空间。

雕刻浮雕画面的电视柜

金属质感的摆设家具

洞石电视柜

洞石电视柜

家

具

超薄石材板的加工和复合，使石板材成为轻质的板材材料。加上板材的色泽、纹理及具备防火功能，也被用于家具的面板。

家具

立体的酒柜成为墙壁装饰的元素之一

家具

壁柜的设计

古典式装饰的酒柜

纹理很强的石材装饰的酒柜

室内配套

现代豪华卫浴装饰分解

卫浴从生理需求功能到现代一种意境的装饰，卫浴不但具有风格的划分，而且也成为奢侈的装饰范畴之一。

板式洗手台、台下盆

台面板是卫浴装饰最常用的方式，有石材结构架状、铁件底盘、柜子做底座。

传统卫生台面是由石板台面板和后衬板组成

台面板

根据洗手盆挖的台面板

柜式台下盆式洗手台

台面板

台上盆式

柜式台上盆

木柜式钳方形石盆洗手台

架形台上单盆

架状台上双盆

架上双盆

现代 **豪华卫浴** 装饰分解

· 417 ·

单体盆、创意形、仿生形

　　洗手盆是卫浴配套的一项石材用具，造型、质地和纹理变化的多样性，使洗手盆也成为卫浴中很具装饰性的石材产品。

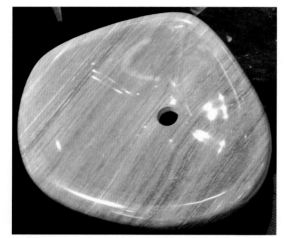

自由形

彩色蚌壳形的洗手盆

自由形

扁圆石盆

扁圆石盆

现代豪华卫浴装饰分解

挂壁洗手盆

台上扁圆形

壁挂槽形方盆

壁挂洗手盆

现代 **豪华卫浴** 装饰分解

纹理装饰

　　纹理装饰卫生间空间比较小，除了传统的铺设之外，强调纹理的装饰在现代卫浴空间中也体现出自然的艺术特征。

　　地面采用纹理交织状的白色大理石装饰，墙面采用无纹理的黄色大理石，形成对比的装饰效果！

　　黄色絮状墙面装饰，地面深咖啡色纹理较少，形成对比的装饰之美感

　　中色调条纹的纹理石与木质浴盆洁具形成具有自然风景气息的装饰，显得很有味道。

　　纹理拼成的对称壁画装饰的卫浴

　　云丝纹理棕色大理石在卫浴空间中的装饰，彰显出古典浪漫的色彩。

　　黑色飘丝花纹的卫浴装饰，充满自然浪漫气息。

沙漠风暴纹的肌理及油性质感，能衬托出空间的美感，形成梦幻的空间。

砂岩水波纹的纹理特征，装饰起来很有飘逸感。

反向对纹

反向的纹理拼对纹墙壁，与几何拼花地面形成对比。

纹理拼对成几何形的卫浴台面背景

现代 **豪华卫浴** 装饰分解

现
代
豪华卫浴
装饰分解

乱纹金黄色的大理石在公共卫生间的男区的墙壁装饰，显得富丽、典雅。

石马桶

马桶

小便池

小便池

现代**豪华卫浴**装饰分解

现代
豪华卫浴
装饰分解

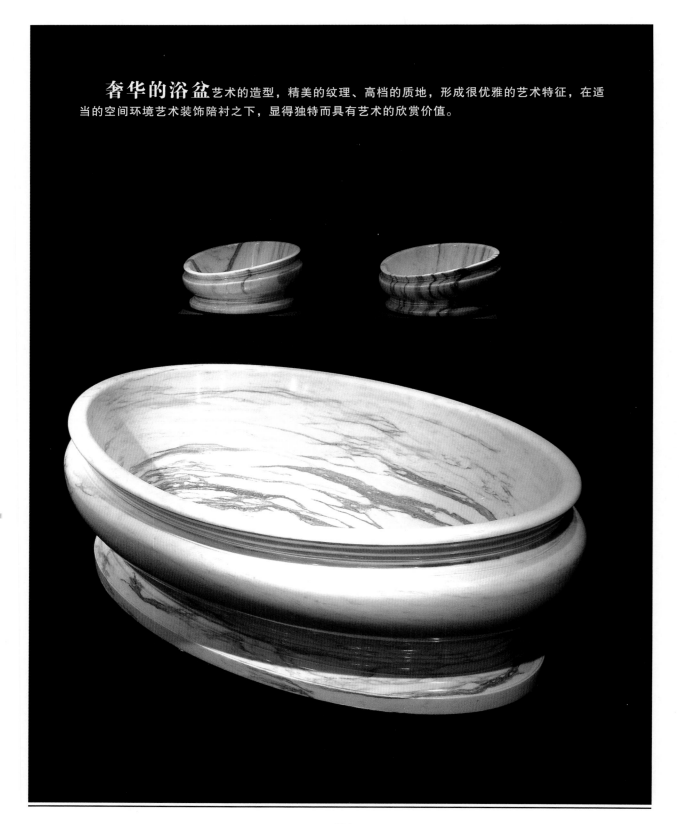

奢华的浴盆艺术的造型，精美的纹理、高档的质地，形成很优雅的艺术特征，在适当的空间环境艺术装饰陪衬之下，显得独特而具有艺术的欣赏价值。

拼接大盆

拼接大浴缸：采用50mm左右厚板拼接的大型直径在1500~2000mm左右的洗浴盆。

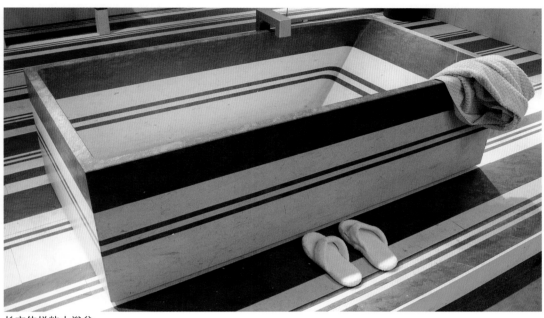

长方体拼粘大浴盆

巨型大碗状浴盆

整体挖盆

长方体内挖椭圆型大浴盆（整块大理石开挖）

长方体内挖方形大浴盆

巨型大缸状浴盆

巨型靠壁半圆大浴盆

现代豪华卫浴 装饰分解

整体挖盆

整体挖盆： 整块石材荒料开挖，雕刻的大型浴盆。

表面粗面与磨光的椭圆形大盆，沿口内倒边。

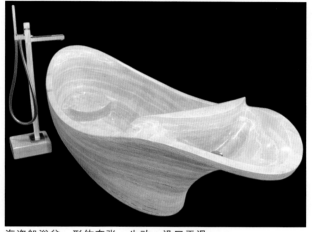

海盗船浴盆，形体夸张、生动、沿口平滑。

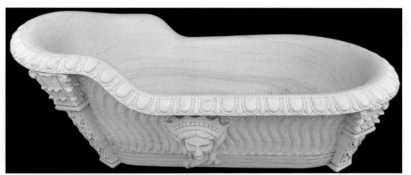

盆沿口雕刻莲花瓣与盆面满欧式纹样雕刻，整个盆华丽。

平口长椭圆形，盆内外均磨光的大盆。

长方形平口大盆

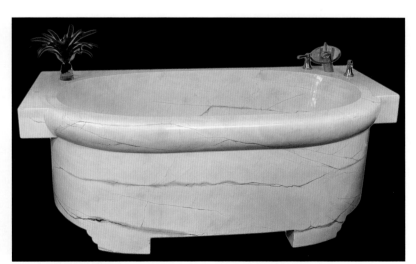

盆沿半圆边的椭圆形盆

现代
豪华卫浴
装饰分解

条纹状的表面处理，产生平面的立体感。

马桶背壁以凹凸的波浪面雕刻处理，灯束强调了流动的空间，空间由于凹凸纹样的几何表面，显得宁静、舒适。

表面凹凸雕刻处理

从外侧来看，不同部位的墙面采用不同的表面处理，立体而又特别。

大异型线条板

大型异型线条板装饰墙面的卫浴，强调了墙面的立体感。

花纹装饰

大花白大纹理的画面，以纹理的美感装饰卫浴空间，艺术感强。

柱的装饰

壁画

古典式的卫浴装饰，柱壁、壁画、摆设、条纹地面，处处展示石材的美感。

现代
豪华卫浴
装饰分解

地面和墙面及台面盆利用石材拼色，装饰成一体的条纹，浴室具有很强的艺术性。

室
内
楼
梯

变换曲线的楼梯，装饰的空间具有灵动感。

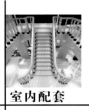

室
内
楼
梯

旋转大楼梯，大花白的纹理作为装饰的花纹。

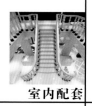

室内旋转楼梯

古典式栏杆楼梯

室内楼梯

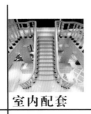

室内楼梯

喇叭口状的楼梯

旋转楼梯

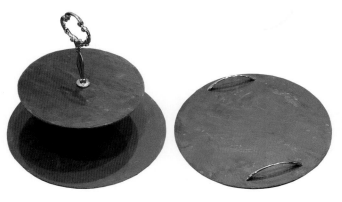

青板岩加工成圆形餐厅烤鱼盘

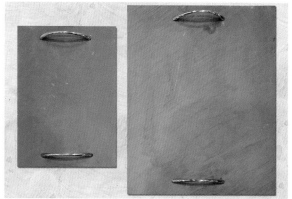

青板岩加工成方形餐厅烤鱼盘

黑板岩加工的方形托盘

空洞状的酒架

餐具垫托，起到隔热的作用。

生活雅趣用品及五金与石材结合的**小用品**

生活雅趣用品及五金与石材结合的**小用品**

石材在五金拉手中的利用

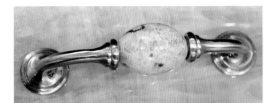

橱柜门拉手

抽屉拉钮

抽屉拉钮（手）

石头抽屉拉钮

大门拉手，橱柜拉门等。